TAIZHOUSHI

SHUCAI ZHONGZHI ZIYUAN PUCHA YU YINGYONG

台州市蔬菜种质资源普查与应用

◎林太赟 张胜 主编

中国农业科学技术出版社

图书在版编目(CIP)数据

台州市蔬菜种质资源普查与应用 / 林太赟，张胜主编.
—北京：中国农业科学技术出版社，2016.4

ISBN 978-7-5116-2562-5

Ⅰ.①台… Ⅱ.①林… ②张… Ⅲ.①蔬菜—种质资源—普查—台州市 Ⅳ.①S630.24

中国版本图书馆 CIP数据核字（2016）第065640号

责任编辑 闫庆健
责任校对 贾海霞

出 版 者 中国农业科学技术出版社
北京市中关村南大街12号 邮编：100081
电 话 (010) 82106632(编辑室) (010) 82109702(发行部)
(010) 82109709(读者服务部)
传 真 (010) 82106625
网 址 http://www.castp.cn
经 销 者 各地新华书店
印 刷 者 北京富泰印刷有限责任公司
开 本 787mm × 1 092mm 1/16
印 张 10
字 数 180千字
版 次 2016年4月第1版 2016年4月第1次印刷
定 价 67.00元

编写人员

主　　编　林太赟　张　胜

编写人员　（按姓氏笔画排序）

王五一　包祖达　冯春梅　朱再荣

朱贵平　汤学军　杨　巍　吴其褒

张　胜　陈人慧　陈子德　林太赟

林飞荣　林友根　郎献华　莫云彬

黄日贵　曹雪仙

审　　稿　汪炳良

序

农作物种质资源是人类生存和发展的基础和命脉，是农业与农村经济可持续发展不可替代的战略性储备资源，也是选育农作物新品种不可或缺的基础材料，同时具有非常重要的生态功能价值，是实现农业可持续发展战略的重要资源。因此，世界各国政府和国际组织都从战略高度来重视农作物种质资源的收集与保存。拥有足够多样性的农作物种质资源，才能在未来农业科技竞争中取得优势地位。

台州市种子管理站组织编著的《台州市蔬菜种质资源普查与应用》一书，集中收集整理了台州地方特色蔬菜品种种质资源材料，这对保护台州市固有的遗传物质财富，丰富国家种质资源库资源都具有十分重要的实际意义。

《台州市蔬菜种质资源普查与应用》的出版，对台州市的农业科研、教育与农业知识的普及具有一定的参考价值，为进一步研究台州市特色蔬菜产业的开发与应用提供了一条有效途径，对台州市今后农业生产的可持续发展也有着十分重要的现实意义，符合时代精神，故欣然序之。

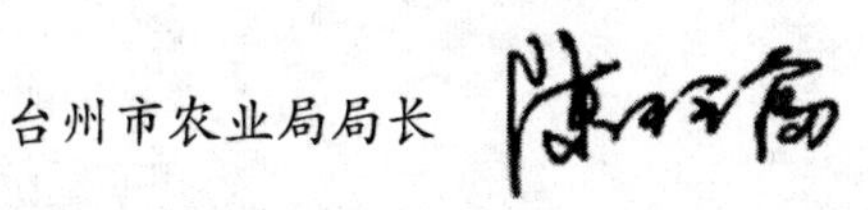

2016年1月

前言

浙江省台州市地处浙江中部沿海，北接宁波、绍兴，南邻温州，辖椒江、黄岩、路桥三区，临海、温岭两市，玉环、天台、仙居、三门四县。台州兼得山海之利，农业资源丰富，是一个农、林、牧、渔各业全面发展的综合性农业区域。台州是浙江省粮食主产区之一，是我国第一个水稻亩产超“纲要”、上“双纲”的地方，近年来粮食单产连年刷新纪录；蔬菜产业化经营水平居浙江省前列，其中，沿海西兰花产业带是全国最大的西兰花生产出口基地，黄岩是全国最大的设施茭白生产基地；台州也是我国著名的果品生产基地，黄岩蜜橘、临海无核蜜桔、玉环文旦、仙居杨梅、温岭高橙、路桥枇杷等久负盛名。

台州市种子管理站一直致力于地方种质资源的普查工作，早在20世纪末，就开始调查地方蔬菜品种种质资源的种植与开发利用情况，近年来，由于城市建设的不断扩大，国内外优良品种的不断引进，蔬菜产业化程度的不断提高，地方蔬菜品种的种植面积与生存空间变得越来越小，二十年前的许多地方蔬菜品种，现在已经很难找到。农作物种质资源是农业可持续发展不可替代的战略性储备资源，是选育农作物新品种不可或缺的基础材料，同时具有非常重要的生态功能价值。我们在系统调查台州地方蔬菜种质资源存在现状的基础上，整理出地方蔬菜品种的特征特性、栽培要点以及综合评价，编写了《台州市蔬菜种质资源普查与应用》一书。本书共收集地方品种109个，图片137幅。在体例上品种按根菜类、白菜类、甘蓝类等十一大类进行归类表述。

《台州市蔬菜种质资源普查与应用》编写过程中，得到台州市科技局、台州市农业局领导和同行的指导、支持与帮助，在此一并表示衷心的感谢。由于台州蔬菜栽培历史悠久，地方蔬菜品种资源丰富多彩，种质资源普查涉及时间长、范围广，加上机构更迭，人力限制，编著时间仓促、水平有限，错漏之处在所难免，敬请读者给予批评指正。

编 者

2016年1月

一、根菜类

二、白菜类

三、甘蓝类

四、芥菜类

五、绿叶蔬菜类

六、豆　类

七、葱蒜类

八、瓜 类

九、薯芋类

十、水生蔬菜

十一、多年生蔬菜

一、根菜类

（一）萝　卜

学名：*Raphanus sativus L.*。别名：莱菔。十字花科萝卜属二年生草本植物。以肥大的肉质根供食用，营养丰富。肉质根中含淀粉酶可助消化；含芥辣油，使其别具风味；肉质根和种子均含莱菔子素（$C_6H_{11}ONS_3$）为杀菌物质，有祛痰、止泻、利尿等功效。萝卜可生食、炒食、腌制和干制，为台州市重要蔬菜。

直根长，茎短缩。叶有板叶和花叶两类，叶丛有直立、半直立、平展和塌地等状态。肉质根有圆形、椭圆形、圆筒形、圆锥形及驼背形等；皮色有白、红、青等。

台州市萝卜自古栽培，在长期生产实践中选出许多地方品种，四季均可种植，按栽培季节将栽培的品种分为：秋冬萝卜、冬春萝卜、春夏萝卜、夏秋萝卜4类。

秋冬萝卜：多在8月上旬至9月上旬播种，10—12月收获，生长期60～100 d。这是台州市栽培面积最大、品种最丰富的一类。

冬春萝卜：9月下旬至12月播种，12月至翌年4月收获，耐寒、冬性强。

春夏萝卜：4—5月播种，6—8月收获，冬性较强，生长期短。

夏秋萝卜：6—7月播种，8—9月收获，耐热，生长期短。

1.沙埠白萝卜

品种名称 沙埠白萝卜

来源分布 具有地方特色的农家品种，栽培历史悠久。主要种植地为黄岩区沙埠镇及周边村镇，目前种植面积稀有。2006年已被列为浙江省农作物种质资源保护对象。

特　　征 株型直立，开展度64cm×72cm，株高45～50cm；单株叶片13～16片，叶长约30cm，卵型，叶缘羽生深裂，裂叶8～10对，深至中脉，叶色青绿色，有细毛；肉质根长纺锤形，直径5～6cm、长25～28cm，单株重300～500g，皮肉红色，生食味甜且略带辛辣，无苦味。

特　　性 播种到收获90～100d，全生育期240d左右，每亩*产量2 000kg左右；抗逆性较强，耐寒、耐肥，适宜在富含腐殖质，排水良好且土壤深厚、松紧适度的沙壤土种植。

栽培要点 适宜播种期白露至秋分（9月7—23日）。播种前应深翻土壤，适量施用腐熟有机肥作基肥，重视适时间苗和中耕培土，加强肥水管理和病虫害防治工作。

* 1亩≈667平方米（m^2），15亩＝1公顷（hm^2）。

综合评价 色靓，肉白，味美，又甜又脆，鲜嫩爽口，红烧或清炖、或腌制，都是待客的上等佳肴。

2.宿仙萝卜

品种名称 宿仙萝卜，别名：高山萝卜

来源分布 临海农家品种，栽培历史悠久，分布在江南、香年和宿仙等地。

特　　征 叶丛较直立，株高30～35cm，开展度25cm×30cm；叶长，板叶、倒卵形，叶绿色，叶面短毛较多，长27cm、宽9cm，叶缘波状浅裂，叶柄长4cm，浅绿色；肉质根圆锥形，长14cm，横径3.4cm，单株重110g左右，皮和肉均白色。

特　　性 早熟，生长期50～60d，耐热、较耐旱、抗病虫；肉质致密、含水分少，鲜食味带苦，宜炒食，最适加工腌制制成三味萝卜条。

栽培要点 宜在海拔600～700m香灰土种植，一般播种期为5月中下旬至6月下旬，收获期为7月中下旬至9月上旬；采用穴播(或条播)，每穴放种子3～4粒，行株距30cm×20cm。一般选择分期播种。加强肥水管理与病虫防治。当萝卜肉质根充分膨大，叶色由绿转淡开始微黄时即可分批采收上市，每亩约产1 000kg。

综合评价 早熟、抗性好，改善淡季蔬菜供应，又适宜加工。

3.罗西萝卜

品种名称 罗西萝卜，别名：罗西菜头

来源分布 温岭农家品种，主要分布于温岭罗西等地。

特　　征 株型直立，株高35cm左右；花叶，叶缘有浅齿、色淡绿。肉质根上部细，下部肥大，长30～35cm，皮和肉均白色，单株重500～1 500g。

特　　性 早熟，抗病耐肥，肉质致密，含水分中等，品质佳，稍有辣味，宜炒食、腌渍。

栽培要点 播种期8月中旬至10月上旬，最适播种期8月下旬，行株距19cm×28cm，采收期11月上旬至12月上旬，本田生长期75d左右。

综合评价 熟期早，品质好，现已少有种植。

（二）胡萝卜

学名：*Daucus carota L. var sativa* DC。别名：丁香萝卜、红萝卜、黄萝卜。伞形花科胡萝卜属二年生草本植物，以肉质根供食用。富含胡萝卜素、蔗糖和葡萄糖等，其胡萝卜素含量是番茄的5~7倍。原产亚洲西部，抗逆性强，台州市普遍栽培。产品耐贮运，可熟食、生食、干制和腌制等。

直根系，叶丛生在短缩茎上，三回羽状复叶，叶柄细长，叶色深绿，叶面密生茸毛，花多而小，许多小花序组成复伞形花序，花白色或淡黄色，完全花。种子椭圆形，皮革质，种胚很小，出土力差，发芽率低。

黄皮胡萝卜

品种名称 黄皮胡萝卜

来源分布 台州市农家品种，全市各地均有零星分布。

特　　征 株高45~50cm，开展度25cm×30cm；叶丛半直立，叶较少，色绿；肉质根圆柱形，尾端钝圆，长15~20cm，横径3~3.5cm，单株重100~200g，皮和肉均为淡黄色。

特　　性　晚熟，播种至收获110d左右，耐寒，抗病能力强，肉质根易分杈，商品性较差，含水分中等，味较甜，品质好，生食、熟食、腌渍均可。

栽培要点　7月中旬至8月下旬，点播或条播，条播行距18～20cm，定苗后株距8～10cm。11月上旬至翌年2月可分批采收，每亩产2 000～2 500kg。

综合评价　适应性广，产量高，食用品质和营养品质好，采收供应期长。

（三）芜　菁

学名：*Brassica campestris* L. *ssp. rapifera* Metag。别名：盘菜头、圆根。十字花科芸薹属芸薹种芜菁亚种二年生草本植物，是我国古老蔬菜之一。目前在玉环沿海一带栽培较多。以肥大的肉质根供食用，肉质根柔嫩致密，可生食和热食，加工制品可出口。

直根系，下胚轴与主根上部膨大成肉质根。肉质根扁圆形，表皮淡黄白，肉白色。花冠黄色，异花授粉，果为角果，成熟易开裂。种子圆形，褐色，千粒重3g左右。

芜菁性喜冷凉气候，适于湿润的砂壤土栽培。对环境条件要求严格，台州市除玉环外其他地区很少种植。

玉环盘菜

品种名称　玉环盘菜，别名：盘菜头

来源分布　玉环县农家品种，据初步考证栽培历史至少已有160年，全县各地均有种植，目前以干江镇种植较多，为秋冬季栽培的根茎类蔬菜。2010年已被列为省农作物种质资源保护对象。

特　　征　植株与叶片形态与白萝卜相近，植株直立稍往外斜，株高40~50cm，开展度30cm×40cm；叶片长30~40cm，宽12cm，叶桨形、绿色、缺刻明显，叶面上披茸毛；单株重1 000~1 500g。

特　　性　分早中熟两种型，也叫小缨型和中缨型，小缨型80d能收获，中缨型90~100d。喜冷凉气候。不抗病毒病。肉质根白皮白肉，肉质细嫩，风味独特。

栽培要点　8月上旬至11月均可播种育苗，5~6叶开始移栽，每亩定植3 000~4 000株，每亩产量在2 000~3 500kg。

综合评价　产品独特，品质好，外形美观，食味鲜美。

（四）芜菁甘蓝

学名：*Brassica napobrassica* Mill.，别名：洋蔓菁，洋大头菜。十字花科芸薹属二年生植物，是近代引进的一种根菜类蔬菜，栽培历史并不长，但它适应性广，抗逆力强，易栽培，产量高。粮、菜兼用，因而于70年代在本地普遍栽培。芜菁甘蓝肉质根含干物质较多，含量为7.1%~9.0%，除供菜用熟食外，更宜腌制，且能煮食代粮，也是很好的饲料。随着人们生活水平的提高，种植面积有所减少，大都用作酱菜的加工原料或作饲料。

芜菁甘蓝的肉质根主要由直根膨大形成，上部稍带红色，地下部淡黄或白色，肉质白色。

1.马笼种大头菜

品种名称　马笼种大头菜

来源分布　温岭农家品种，栽培历史较长，在温岭各乡镇均有零星栽培，主要集中在箬横镇、城南镇。

特　　征　株高50cm，开展度45cm×50cm；叶缘波状，叶色浓绿，有1~4对裂叶，叶

面具少量蜡粉，叶柄淡绿色。肉质根扁圆形，形状酷似捕鱼用的马笼，故而得名；地上部分淡绿色，入土部分白色；肉白色；单株重3 000g左右，大的可达6 000g。

特　　性 晚熟，从播种至采收需120d左右；耐热、耐寒、抗病、高产，容易栽培；肉质致密、微甜、耐贮藏、鲜食和腌渍均可。

栽培要点 7月至9月上旬播种，直播、育苗移栽均可。株行距25cm×40cm，基肥足。肉质根长到约250g时追一次重肥，氮、磷、钾肥宜搭配施用，除草松土应在肉质根的横径达3～4cm进行。重视蚜虫防治。11月下旬开始采收，每亩约产5 300kg。

综合评价 栽培易，产量高，耐贮藏，鲜食和腌渍均可，亦可做畜牧饲料。

2.洋大头菜

品种名称 洋大头菜

来源分布 台州农家品种，温黄平原各地均有零星分布。

特　　征 株高45cm，开展度45cm×50cm；叶缘波状，叶色深绿，叶面有少量蜡粉，有1～4对裂叶，最大叶长32cm，宽20cm，成株叶片29片左右，叶柄长12cm，叶脉绿白色；肉质根近圆球形，高14.5cm，横径13.8cm，地上部浅绿色或紫红色，入土部分淡黄色，

肉淡黄色，单株肉质根重500～1 500g，大的可达2 000g。

特　　性　晚熟，播种至采收120d左右；耐热、耐寒、病虫害轻，容易栽培；肉质致密、微甘、耐贮藏，鲜食或酱制均可。

栽培要点　7月下旬至10月上旬播种育苗，苗期30～35d，8月下旬至11月中旬定植。株行距25cm×40cm，基肥足产量高，采收期长。11月下旬至翌年3月可分期采收，每亩产3 500～3 700kg。

综合评价　产量高，栽培易，耐贮藏，鲜食和腌制均可，既作蔬菜，又可充当饲料。

二、白菜类

（一）大白菜

学名：*Brassica campestris L.ssp. pekinensis* (Louv.) Olsson.十字花科，别名：结球白菜，黄芽菜，胶菜。

大白菜在台州市栽培历史悠久，特别是本市的地方品种黄芽菜，据文献记载已有300多年的栽培史，品种多，分布广，在民众中有极好的印象。不仅城市郊区普遍种植，在部分市县的广大农村中也大面积栽培，成为特产蔬菜，冬季大量销往杭州等城市，甚至运往外省，为保证大中城市的蔬菜供应起了重要作用。

大白菜质嫩，风味好，耐贮藏，供应期长。特别是地方品种黄芽菜，不仅品质好，而且耐寒性强，可以晚播晚收，为元旦至春节期间上市的很好品种。

1.筒 菜

品种名称 筒菜

来源分布 玉环地方品种，栽培历史悠久，有青筒和黄筒二个品系。在玉环县的城南、水埠、水龙和西台等地种植最为普遍。

特　　征 株型直立，株高40cm，开展度35cm×35cm；外叶浓绿色，最大叶长44cm，宽22cm，中肋长24cm，宽6cm，厚0.7cm，叶片厚，无茸毛，叶面皱褶，叶缘波状；叶球合抱，黄绿或黄白色，心叶黄色，纵茎35cm，横径13cm，球叶数18片左右，单球重约1.2kg。

特　　性 晚熟，生长期150d，耐寒性强，耐肥，品质好，病虫害轻。青筒于4月中下旬抽薹，黄筒于4月上旬抽薹。

栽培要点 10月下旬至11月上旬播种育苗，苗龄35d，播种不宜过迟，迟则叶球松散，宜密植，翌年3—4月收获，每亩产4 000kg。

综合评价 叶球松，纤维少，口感好，外叶亦可食用，品质优良。

2.大溪落雪度

品种名称 大溪落雪度

来源分布 温岭大溪农家种，温岭各地均有零星分布。

特　　征 大溪落雪度有两种，一种是黄心，另一种非黄心。其共同性状：植株直立，株高40cm左右，开展度30cm×35cm；叶色深绿色，全缘近圆形，叶长20cm，宽17～18cm，叶面微皱，无毛；叶柄扁平，中肋长17～20cm，基部宽6cm左右，绿白色，单株重1 000～2 000g。其不同点是：黄心落雪度心叶为黄色，能包心，球舒心，商品性佳。

特　　性 生育期160～180d，晚熟，耐寒，产量高，不易抽薹，食味淡。

栽培要点 一般宜于8月底至9月初播种育苗，苗龄25～30d，株行距25cm×35cm，移栽后130～150d收获，加强肥水管理，及时防治病虫害。

综合评价 耐寒，抽薹迟，高产，为度春淡的品种。

3.象牙白

品种名称 象牙白，别名：石桥白

来源分布 农家品种，温岭石桥等地还有零星种植。

特　　征 植株较直立，高40～50cm，开展度40cm×45cm；单株叶片10～13张，花叶，叶缺裂深达中肋，裂片小而细碎，裂叶3～5对，叶长45～50cm，宽7～9cm，叶面光滑无毛，淡绿色；叶柄白色，横切面近圆形，叶柄长30～35cm、宽1.5cm、厚1.3cm，单株重500～800g。

特　　性 早中熟，生长期75d左右，该品种喜温暖，较耐热，抗病虫，对土肥要求不严，易栽培，适于加工腌制。亩产鲜菜2 500～3 500kg。

栽培要点 适宜于8月育苗栽培，苗龄25～30d，株行距17cm×33cm，移栽后40～50d收获。栽培时加强肥水管理，注意及时防治病虫害。

综合评价 适宜腌渍，曾为温岭秋白菜当家种。

4.乌皮黄芽菜

品种名称　乌皮黄芽菜，别名：黄芽卷心菜

来源分布　台州农家品种，栽培历史悠久，温黄平原均有零星分布。

特　　征　植株较直立，株高32cm，开展度28cm×30cm；外叶长35cm，宽21cm，深绿色，全缘，叶面皱缩，无毛；中肋长12cm，宽5cm，白色；叶球高30cm左右，横径10cm左右，合抱，球顶淡黄色，单球重500g。

特　　性　中晚熟，定植后70～80d收获，耐寒，较耐病毒病，外叶略多，但也可食用，纤维中等，品质中等。

栽培要点　9月中下旬播种，苗期30d左右，行距35cm，株距25cm，结球初期重施速效性氮肥，以促进叶球紧实。12月下旬至翌年2月上旬收获，每亩产2 500～3 000kg。

综合评价　适用性强，品质中等，栽培易。

5.仙居黄芽菜

品种名称 仙居黄芽菜

来源分布 仙居县农家品种，栽培历史悠久，仙居县零星种植。

特　　征 植株较直立，株高21cm，开展度37cm×37cm；叶长30cm，宽23cm，椭圆形，深绿色，全缘，叶面皱缩，无毛；中肋长12cm，宽6cm，厚0.9cm，白色；叶球高20cm，横径14～16cm，合抱，舒心，叶球顶部黄色，下部白色，单株重800～1 200g。

特　　性 中晚熟，定植后70～80d收获，耐寒性强，抗病性中等，耐涝性强，抗旱性中等。2月中旬抽薹，纤维少，质软，品质优。

栽培要点 播种期弹性大，9月播种，苗期25～30d，宜选肥沃地种植，行距40cm，株距30cm，12月中旬至1月下旬收获，每亩产2 300～2 600kg。

综合评价 耐寒，质软，风味好。

（二）白　菜

学名：*Brassica campestris L. ssp. chinensis* (L.) Makino. var. *cammunis* Tsen et Lee，别名：白菜、青菜、油冬儿等。十字花科芸薹属二年生植物，以叶片为主要食用器官。

普通白菜在本市栽培历史悠久，品种较多，一年四季均有栽培，周年供应，面积最大，上市量也最多，在蔬菜生产和供应中占极为重要的地位。其生长期短，适应性强，可根据需要随时播种，陆续收获，既可鲜食，又可加工腌制，有利于缓解蔬菜淡季，促进蔬菜的均衡供应。

按品种的植物学性状可分为：白梗菜类（白菜）和青梗菜类（青菜）两种类型。

白梗菜类（白菜）：一般植株较高大（若作小白菜栽培的品种则植株较小），叶绿色，叶柄白色，叶柄长而大，大部分纤维较多，鲜食品质较差，适于腌制，如各地种植的小白菜和供腌制的长梗白菜等。

青梗菜类（青菜）：一般植株较矮小，叶片较厚，深绿色，叶柄绿或淡绿，品质好，适于鲜食，如各地种植的青菜或油冬菜。

1.扁　白

品种名称　扁白

来源分布　温岭农家品种，温岭等地种植。

特　　征　株型直立，株高40～45cm，开展度30cm×30cm；单株叶片10张左右，叶长卵形，长18～20cm，宽12cm，浅绿色，全缘，叶面平滑，无毛；叶柄长23～25cm，基部宽4cm，厚1cm，横切面呈弧形，白色，单株重250～500g。

特　　性　中熟，播后50～60d收获，较耐热，纤维少，质柔软，食味淡。

栽培要点　一般为秋季栽培，宜于8月至9月下旬播种育苗，苗龄25～30d，株行距25cm×30cm。育苗移栽每亩用种量200～300g，直播500～600g。栽培时加强肥水管理，及时防治病虫害。

综合评价　较耐热，生长快，栽培易，产量高，适合夏秋季栽培。

2.长梗白菜

品种名称　长梗白菜，别名：扭藤白菜、高脚白

来源分布　临海农家品种，栽培历史悠久，全市各地均有栽培。

特　　征　植株较直立，高45～54cm，开展度40cm×45cm；单株叶片10～13张，花叶，叶片全裂，裂叶3～5对，叶长50cm，宽7～9cm，叶面光滑无毛，淡绿色；叶柄白色，横切面近圆形，叶柄长30～35cm、宽1.5cm、厚1.3cm，叶柄基部向上按一定方向扭曲；单株重300～1 000g。

特　　性　早中熟，生长期70d左右，

该品种喜温暖，较耐热，抗病虫，对土肥要求不严，易栽培，适于加工腌制。亩产鲜菜2 000～3 000kg。

栽培要点 适宜于8月下旬育苗栽培，苗龄25～30d，株行距17cm×33cm，移栽后40～50d收获，也可作夏季和早秋直播栽培。育苗移栽每亩用种量200～300g，直播500～1 000g。栽培时加强肥水管理，注意及时防治病虫害。

综合评价 鲜嫩，营养丰富，品质好，产量高，适于加工腌制。

3.临海青

品种名称 临海青

来源分布 临海农家品种，栽培历史悠久，全市各地均有分布。

特　　征 植株直立，高25～32cm，微束腰，开展度25cm×27cm；单株有叶15～17片，长14～16cm，宽12cm左右，叶片较薄，浅绿色，卵圆形，叶面光滑无毛，叶脉无毛，叶脉明显，叶脉与叶缘交接处有淡黄色小斑点，叶缘缺刻浅，叶柄淡绿色，基部白色，长16cm，宽4～5cm，厚1cm左右，单株重250～600g。

特　　性 早中熟，全生育期40～70d，耐热性较强，耐寒性中等，较抗病虫，适应性强，易栽培，纤维少，品质较好，大小菜栽培均可，每亩产量2 500kg左右，供熟食。

栽培要点 一年四季均可播种，多春秋两季栽培，适宜于8月至9月下旬播种育苗，苗龄25～30d，株行距25cm×30cm。育苗移栽每亩用种量200～300g，直播500～1 000g。栽培时加强肥水管理，及时防治病虫害。

综合评价 易栽培，生长快，产量高，鲜嫩，营养丰富，品质好。

4.天台乌铁菜

品种名称 乌铁菜

来源分布 天台县农家品种，栽培历史悠久，全县各地零星种植。

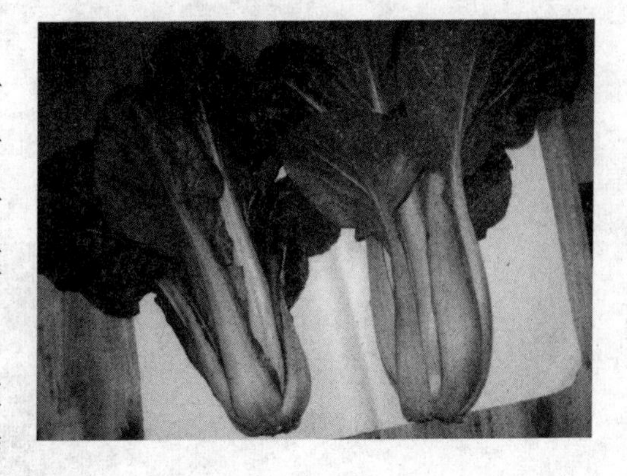

特　　征 植株较矮小，直立，株高30cm，单株叶片15～17片。叶片深绿色，全缘，叶面光滑，单株重1 000g左右。

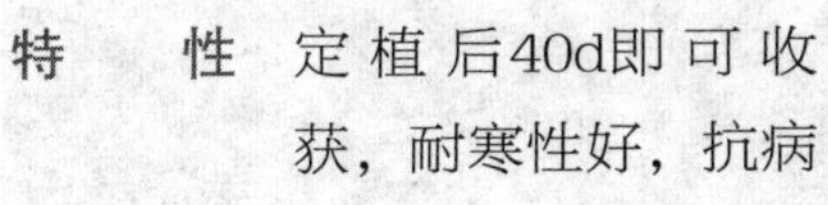

特　　性 定植后40d即可收获，耐寒性好，抗病性中等，不易抽薹，纤维少，品质好。

栽培要点 作秋冬蔬菜栽培，于8月上旬至10月均可播种育苗，苗龄25～40d，行距30cm，株距20cm，9月下旬至2月上中旬收获，每亩产量4 000～6 000kg。作春白菜栽培，一般于10月下旬至11月中旬播种，育苗移栽，苗龄40～50d。每亩产量2 000～3 000kg。作晚春渡淡蔬菜栽培，一般于3月播种，出苗后30～50d采收幼苗供食用。

综合评价 耐抽薹，生长快，产量高，品质好。

5.六月小乌菜

品种名称 六月小乌菜，别名：药山小乌菜

来源分布 台州农家品种，栽培历史悠久，主要分布在黄岩城关、路桥一带。

特　　征 植株直立，株高28.8cm，开展度9.2cm×17.4cm；单株有叶6～7片，叶片长12.4cm，宽9.1cm，淡绿色或绿色，全缘，叶面光滑，无毛；叶柄长20cm，宽

1.1cm，较扁，绿白色或绿色，单株重40～50g。

特　　性　早熟，播种后30d左右收获；耐高温，较耐旱，但抗霜霉病能力弱，易遭虫害；纤维少，质柔软，口感好，品质佳，供熟食；适高温栽培。

栽培要点　5月中旬至9月中旬均可播种，春季过早播种易抽薹，撒播播种量约1g/m^2，定苗时株行距8～10cm。夏季高温干旱时宜每隔5～6d薄施追肥一次，这是提高产量和品质的关键。每亩产1 500～2 000kg。

综合评价　早熟，耐热，产量高，食味好，为优良夏白菜品种。

三、甘蓝类

结球甘蓝

学名*Brassica oleracea* L. var. *capitata* L.，别名：洋白菜、莲花白、包菜等。十字花科芸薹属甘蓝种中以叶球为产品的一个变种。结球甘蓝在台州市栽培历史虽不长，但由于它对外界环境条件适应性强，栽培简便而产量高，且春夏秋都能种植，所以栽培很广，是台州市周年供应的大宗蔬菜之一。

结球甘蓝为二年生草本植物，根系发达，营养生长期茎短缩，叶柄短，叶片大，呈广卵形或椭圆形等，外叶灰绿色，有粉状蜡质。叶球黄白或绿白色。

青种大平头

品种名称 青种大平头，别名：早盘菜

来源分布 临海市地方品种，栽培历史悠久，分布于临海市郊及岭根等地。

特　　征　植株大，生长势强，株高一般40cm左右，开展度70cm × 80cm；外叶青绿色，叶面平滑，叶面覆蜡粉，叶柄及叶脉色稍浅；叶球大、扁圆，心叶黄白色，结球紧实整齐。

特　　性　属晚熟品种，全生育期125d左右。产量高，单球重2 500 ~ 4 000g，耐贮运，较抗病，易栽培，品质中等。

栽培要点　6月下旬至7月初播种，每亩苗床播种子750 ~ 1 000g，可定植大田20 000 ~ 27 000m^2。真叶6 ~ 7片时定植到大田，每亩定植2 000株。开始包心后要加强水分管理，以保持土壤湿润。另外，从定植到封垄，要做好2 ~ 3次中耕除草。松土宜浅不宜深。防治好病毒病、软腐病以及蚜虫、菜青虫等。

综合评价　晚熟、高产、品质中等。

四、芥菜类

芥 菜

学名：*Brassica juncea* Coss.，芥菜在台州市栽培历史悠久，品种资源丰富。是加工的主要蔬菜，亦可鲜食。

芥菜分为根芥、茎芥、叶芥和薹芥四大类，主要有16个变种，即，根芥：大头芥变种；茎芥：笋子芥，茎瘤芥，抱子芥；叶芥：大叶芥，小叶芥，白花芥，花叶芥，长柄芥，凤尾芥，叶瘤芥，宽柄芥，卷心芥，结球芥，分蘖芥；薹芥。

根芥（var. *megarrhiza* Tsen et Lee.）：食用肉质根。

茎芥（var. *tsatsai* Mao.）：别名：青菜头、菜头、棒棒菜、羊角菜、菱角菜。以膨大的茎供食。其中有2个变种：笋头芥和茎瘤芥。笋头芥：茎肥大，棒状，无明显凸起物，肉质茎宜鲜食。如临海的大叶芥菜。茎瘤芥：茎肥大，近圆球形，扁圆球形或纺锤形等，肉质茎上有明显的瘤状凸物。肉质茎主要供加工，如碎叶榨菜等宜加工。少数品种也可鲜食，如椒江的早晃种。

叶芥（var. *foliosa* Bailey.）：叶片发达，以叶供食用。有大叶芥、小叶芥、花叶芥、分蘖芥等几个类型。大叶芥：叶柄较阔，横切面呈弧形。叶片宽大。大部分品种供鲜食，小部分鲜食与加工兼用。如临海的橘皮芥。小叶芥：叶柄较窄，横断面呈半圆形，叶片较窄。大部分品种供腌制加工。如小叶肖菜。花叶芥：叶缘深裂成细条状或全裂成多回重叠的细羽丝状。腌渍加工用为主。如花芥菜。

分蘖芥：营养生长期茎上侧芽萌发成多数分蘖，叶片多，叶形以倒披针形为主，一般经腌制食用。如仙居的大、小叶肖等品种，均是加工腌渍的优质原料。

薹芥（var. *scaposus* Li.）：主花茎发达，柔嫩多汁，是主要的食用部分。

1.碎叶榨菜

品种名称 碎叶榨菜

来源分布 系椒江区茎瘤芥主栽品种之一，该品种为原半碎叶品种变异株筛选经当地菜农多年种植保纯而成。目前主要分布在椒江三甲及周边榨菜产区，常年种植面积约160hm²。

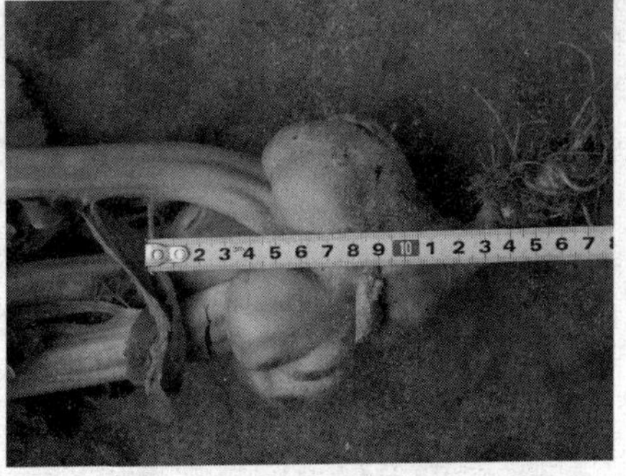

特　　征 该品种叶柄基部茎上瘤状突起具明显尖状瘤块，成熟时瘤状突起为二层至二层半，膨大茎的纵横径平均为12.0cm×13.2cm，平均单个膨大茎重990g，成熟时茎叶重比约1.2∶1；株高55cm，叶片绿色，

开展度59.8cm×55.4cm；单株完全叶叶片数为7片，叶片长倒卵形，基部裂叶深近叶柄，对生常为6~7对，貌较细碎故名碎叶榨菜；该品种膨大茎上部稍具苦味。

特　　性　该品种全生育期160~165d；该品种较耐寒，不易空心，耐肥性一般，不易先期抽薹，病毒病与软腐病抗性一般，品质优，适宜鲜卖和加工。

栽培要点　一般在11月上旬开始播种，每亩大田用种量40g；培育壮苗，适时定植，苗龄达到25~30d、具5~6片真叶时及时移栽，株行距25~30cm；合理施肥：要求重施基肥，生长期间掌握前期轻、中期重、后期补的原则；及时做好蚜虫的预防工作；适时采收保品质。

综合评价　出菜率高，商品性好。

2.早晃榨菜

品种名称　早晃榨菜

来源分布　该品种系椒江当地菜农早年从引进的四川早熟品种中自然筛选而适应本地种植的早熟鲜食品种。目前是椒江本地早熟的主栽茎瘤芥品种之一，常年种植面积约100hm^2。

特　　征　株高50～55cm，茎纵径12.5cm，横径10.5cm，膨大茎重550g，茎叶比约1.25∶1；叶柄基部茎上瘤突起尖状瘤块较明显，成熟时瘤状突一般为二层；叶形为倒卵形，绿色，叶面较皱，基部裂叶较浅，上部叶缘锯状浅缺。

特　　性　该品种早熟，一般全生育期140～145d；耐肥性一般，易先期抽薹，不易空心，不耐病毒病和软腐病；品质优，口感好，适宜鲜食。

栽培要点　一般在10月中下旬播种，11月中下旬移栽，每亩定植4 000～5 000株，2月底至3月上旬收获，一般每亩产量3 000～4 000kg。施肥遵循“前轻、中稳、后重”原则，并注意防治病毒病和软腐病。

综合评价　早熟，品质优，口感好，适合鲜食。

3.鹅冠榨菜

品种名称　鹅冠榨菜

来源分布　该品种为“半碎叶”与“早晃”系品种在本地栽培中自然杂交，经当地菜农多年系统选育而成，是目前椒江及周边茎瘤芥产区的主栽品种之一，常年种植面积约330hm^2。

特　　征　株高55～60cm，茎纵径10.8cm，横径12.8cm，膨大茎重600～700g，茎叶比约0.8∶1；叶柄基部茎上瘤状突起三个，

中间一个较高，形似鹅冠，故俗称鹅冠榨菜；成熟时有三层突起呈螺旋状；叶形为倒卵形，绿色，叶面微皱，基部裂叶较浅，互生5～6对，上部叶缘锯状浅缺。

特　　性 较耐肥，不易先期抽薹，不易空心，较耐病毒病与软腐病。品质优，适宜加工，全生育期160d左右。

栽培要点 一般在10月中下旬播种，苗龄达25～30d、具5～6片真叶时及时移栽，株行距33cm左右。重施基肥，生长期间施肥遵循“前轻、中稳、后重”原则，并要及时做好蚜虫的防治工作。3月下旬收获，一般每亩产量3 000～4 000kg，要适时采收以保品质。

综合评价 抗病性强，品质优，适宜加工。

4.下凉菜

品种名称 下凉菜，别名：冬花菜

来源分布 温岭农家品种，栽培历史悠久，在温岭各乡镇均有栽培，面积较大，为冬季腌渍用叶用芥主栽品种之一。

特　　征 株高45cm，直立性；叶片狭长，叶缘多锯齿，叶深裂，叶色淡绿，叶柄细长分蘖强，单株分蘖7～10个，一蘖有叶11片左右，单株总叶数可多达150片以上；成熟单株鲜重1 500g左右，大者每株鲜重可达5 500g。

特　　性　中熟，从播种至采收120d，抗寒性强，耐肥，抗病毒病。腌制成咸菜，品质佳。

栽培要点　10月上旬播种，翌年3、4月采收。直播和育苗移栽均可。行株距40cm×25cm（育苗移栽）或株距15cm见方（直播）每亩产量3 000kg。

综合评价　中熟，生长快，易栽培，腌渍加工用，品质佳。

5.大叶肖菜

品种名称　大叶肖菜，别名：粗叶肖

来源分布　仙居县农家品种，栽培历史悠久，全县各地均有分布。

特　　征　株高60cm，株型直立，株顶平展。分蘖性强，叶倒卵形，长70cm，宽25cm，叶缘呈不规则粗锯齿状，羽状全裂，小裂片13~14对，叶面皱缩，无蜡粉和刺毛，深绿色。叶柄长4cm，宽1cm，厚1.3cm，单株叶片110张左右，单株重约1 700g。

特　　性　迟熟，从播种至采收160d左右，耐寒性强，不耐涝，适宜腌渍加工咸菜。

栽培要点　适时播种，培育壮苗。适宜播种期在10月下旬至11月上旬。每亩用种量100g，要适当细播，播后保持土壤湿润。合理密植，及时追肥。播后30~35d即可分批移栽大田，每亩种

6 000株左右。采收前20d停止施肥，利于腌制。每亩约产4 500kg。

综合评价　耐寒性强，易栽培，产量高，宜加工腌渍，为地方传统蔬菜品种。

6.小叶肖菜

品种名称　小叶肖菜

来源分布　仙居县农家品种，栽培历史悠久，全县各地均有种植。

特　　征　株高55cm，开展度65cm×65cm，株型直立，株顶平展，分蘖中等；叶倒披针形，长60cm，宽25cm，叶缘呈不规则细锯齿状，羽状全裂，小裂片20~25对，叶面皱缩，无蜡粉和刺毛，深绿色；叶柄长3.5cm，宽0.9cm，厚1.2cm，浅绿色，单株叶片130张左右，单株重约1 300g。

特　　性　迟熟，从播种至采收160d，耐寒性强，耐旱不耐涝，适宜腌渍加工咸菜，品质好，有香味。

栽培要点　适时播种，培育壮苗。适宜播种期在10月下旬至11月上旬播种，苗期1个月，翌年4月上中旬采收。每亩用种量100g，合理密植，及时追肥。播后30~35d即可分批移栽大田，每亩种6 000株左右，采收前20d停止施肥，利于腌制。

综合评价 易栽培，晚熟，用于加工腌渍，品质好，为地方传统蔬菜品种。

7.黄　肖

品种名称 黄肖，别名：黄种雪里蕻

来源分布 临海市地方品种，有较长的栽培历史，全市各地零星分布。

特　　征 株高50cm，开展度50cm × 50cm，株型半直立；分蘖性强，成株有25 ~ 30个分枝；叶长椭圆形，长48cm，宽16cm，叶缘呈锯齿状小裂片，下部全裂6 ~ 8对，叶面平滑，黄绿色。

特　　性 早熟品种，播种至采收90d左右，耐寒性稍差，单株重600g，抽薹开花早，品质佳，宜腌渍加工，能长期贮藏。

栽培要点 秋菜播种期8月下旬至9月初，春菜10月中下旬，亩用种量400 ~ 500g，一般有5 ~ 6片真叶移栽定植，亩植4 000 ~ 5 000株。常年亩产量秋菜约4 000kg，春菜约5 000kg。秋菜在12月前后采收，一般不抽薹；春菜在清明前后采收，已开始抽薹，薹高5 ~ 10cm时为适宜，以保证产品品质。

综合评价 熟期早，生长快，易栽培，产量高，腌渍加工用，品质好。

8.大芥菜

品种名称 大芥菜，别名：芥菜株

来源分布 临海市地方品种，栽培历史悠久，全市各地都有种植。

特　　征 株高70cm，开展度55cm×45cm，株型直立；叶长椭圆形，长70cm，宽28cm，叶缘波状，基部全裂，小裂片1~5对，叶面稍皱，绿色；叶柄宽5.5cm，厚1.8cm，叶柄上有少量蜡粉；叶柄和中肋绿白色；肉质茎笋小型，棍棒状，纵径32cm，横径6cm，绿色，无状突起。

特　　性 中熟品种，从播种至采收120d，单茎重600g，耐肥，抗病虫，食用肉质茎，去皮炒食。

栽培要点 9月上旬至10月上旬播种，早春收获。播期过早，易感染病毒和发生先期抽薹；晚播不易感病毒，也不易抽薹，但生长期短，影响产量。幼苗5~6片真叶，苗龄30~35d定植为宜，每亩栽4 000~5 000株。每亩产2 000~2 500kg。

综合评价 中熟，高产，采收时间较长，品质佳。

9.花芥菜

品种名称 花芥菜，别名：细叶花、花菜

来源分布 临海市地方品种，栽培历史悠久，全市各地均有分布。

特　　征 株高50cm左右，开展度45cm×45cm，株型半直立，较紧凑，分蘖性强，每片叶有一个侧芽，成株18～22个分蘖；叶倒披针叶，长50cm，宽18cm，叶缘呈不规则锐锯状，羽状深裂成粗丝状，绿色，叶面光滑，无蜡粉和刺毛；叶柄宽1cm，厚0.5cm，浅绿色。

特　　性 属晚熟品种，从播种至采收150d，耐寒性强，易感病毒病。单株重600～1 000g，品质佳，适腌渍咸菜。

栽培要点 一般以10月上中旬播种为宜，亩播量以150～250g，出苗后1～2片真叶时开始间苗，移栽的适期一般在11月下旬至12月上旬，移栽定植密度每亩栽4 000株左右。加强中耕除草，注意病虫害防治，适时采收。每亩约产3 500kg。

综合评价 迟熟，高产，品质好，适腌渍咸菜，是绍兴晒制霉干菜的主要原料。

10.橘皮芥

品种名称 橘皮芥

来源分布 临海市地方品种，有较长的栽培历史，全市各地零星分布。

特　　征 株高60~65cm，开展度60cm×65cm，株型较直立；叶长椭圆形，长72cm，宽28cm，叶缘波状，基部有成对小裂片，叶面皱缩，深绿色；叶柄宽5cm，厚1cm，叶柄及中肋上部浅绿色，下部浅白色。

特　　性 中熟品种，播种至采收80d左右，4月上中旬抽薹，抽薹晚。

栽培要点 8月上旬至10月上旬播种，9月上旬至11月中旬定植，亩栽2 600株左右。高产栽培收获期在翌年2—3月，一般始花以前采收以保证品质。每亩产叶片1 000~1 500kg，茎1 000~1 500kg。

综合评价 采收时间长，产量高，抽薹迟，食用叶和茎，鲜食，品质好。

11.泡婆芥

品种名称 泡婆芥，别名：皱皮芥

来源分布 仙居县农家品种，仙居县各地均有零星种植。

特　　征　株高70cm，开展度80cm×80cm，株型半直立；叶倒卵形，长72cm，宽37cm，叶缘波状，有细锯齿，无缺刻，叶面皱缩，无蜡粉和刺毛，绿色；叶柄宽厚，长4cm，宽5cm，厚1.8cm，淡绿色。

特　　性　迟熟，从播种至始收叶片需70片，耐寒性强，耐涝不耐旱，易罹蚜虫、菜青虫、潜叶绳。稍有香味，品质上等，食用叶片。

栽培要点　8月上中旬播种，8月下旬至9月上旬定植。行株距50cm×40cm，10月中旬至翌年4月下旬分次采叶。每亩产2 500~3 000kg。

综合评价　适应性广，抽薹较晚，产量高，收获期长，改善春淡蔬菜供应。

12.鸡啄芥

品种名称　鸡啄芥，别名：花叶芥

来源分布　仙居县农家品种，仙居县各乡镇均有零星种植。

特　　征　株高70cm，开展度72cm×72cm，株型半直立；叶片倒卵形，长62cm，宽29cm，叶缘呈不规则锯齿状，上部浅缺刻，下部深裂至全裂，有10~12对小裂片，叶面稍皱，无蜡粉，刺毛少，叶色有紫色、紫红色和绿色；叶柄长5cm，宽6cm，厚0.2cm，绿白色。

特　　性 特晚熟，生长期260～270d，抽薹迟，5月抽薹。从播种至开始剥叶收获60d。耐寒性强，品质中等，鲜食叶片为主，干制为次。

栽培要点 8月播种，8月下旬至9月上旬定植，行株距50cm×35cm，10月上旬至翌年4月下旬分次剥叶采收。每亩产3 000～3 500kg。

综合评价 特晚熟，收获期长，是补春淡的品种之一，鲜食为主。

13.黄岩小芥菜

品种名称 黄岩小芥菜

来源分布 黄岩地方品种，种植历史悠久，主要分布温黄平原、临海，种植面积较大。

特　　征 植株半直立，采收成熟期株高57.3cm，开展度59.8cm×40.3cm；叶椭圆形，长49.5cm，宽22.7cm，叶缘波浪形，并向后翻，基部缺刻，有不对称小裂片，叶面皱缩，无蜡粉，

叶色深绿，叶背无刺毛；叶柄宽1.59cm，厚1.55cm，叶柄浅绿色，上部具少量蜡粉，中肋突出，上部及大叶脉绿白色。秋播全生育期207d，其中播种至开花需93d。种子千粒重为1.31g。小芥菜30苗株高26cm左右，基部茎粗0.66cm，开展度为22.1cm×12.5cm，叶色淡绿，叶形椭圆，长21cm，宽12cm，叶缘锯齿呈不规则波浪状，叶柄与叶面背部无刺毛。

特　　性　生长势强，苗期生长速度快，出苗后25d采收，每亩产量可达2 000kg，抗逆性强、品质鲜嫩，商品性好，食味清香爽口，深受消费者喜爱。

栽培要点　作小芥菜食用栽培，一般在9月初至10月中旬撒直播，播种量0.5g/m^{2}左右，播种后25~30d第5片真叶展开后就可分期分批陆续采收上市。

综合评价　苗期生长速度快，抗逆性强、品质鲜嫩，商品性好，食味清香爽口。

14.玉环芥菜

品种名称 玉环芥菜，别名：扁芥菜

来源分布 玉环县农家品种，栽培历史悠久，玉环县各地均有栽培，目前以楚门和陈屿两地为多，为秋冬季叶菜类主栽品种之一。

特　　征 植株高大，直立性，株高70～80cm，开展度50cm×70cm；叶片长70～80cm，宽30cm，长倒卵形，绿色，全缘，叶面光滑，叶脉明显；叶柄长40cm，宽6～7cm，厚1.2cm，浅绿色。单株重3 000～4 000g。

特　　性 晚熟，定植后180d左右收获，耐寒性强，抗病性强，丰产性特别好。纤维较多，品质一般，很适合腌菜。

栽培要点 9月下旬至10月初均可播种育苗，苗期30d，每亩栽培1 500～1 600株，4月底左右收获，每亩约产5 000kg。

综合评价 生长快，产量高，耐贮藏，为腌制叶菜的优良品种，抗病毒能力弱。

五、绿叶蔬菜类

（一）蕹　菜

学名：*Ipomoea aquatic* Forsk.，旋花科。在本市栽培历史很长，分布在全市各地的城郊区，虽然普遍栽培，但面积不大。其供应期较长，是解决秋淡的主要蔬菜种类之一。

植株蔓性，茎中空，分枝性强。叶绿色，全缘。叶面光滑。花色白，喇叭形。耐热性强，喜湿润，适应性强。夏、秋季节上市，宜作淡季叶菜类的花色品种。

空心菜

品种名称　空心菜

来源分布　台州市农家品种，全市各地均有零星种植。

特　　征　蔓性，分枝性强；茎色淡绿，粗0.8cm，横切面近圆形，空心，节间长4cm；叶卵圆形，长13.5cm，宽5.5cm，绿色，全缘；叶柄长6cm，花白色。

特　　性　耐热，喜湿润，抗病虫，生长快，出苗至始收60d，纤维少，品质好，利用嫩茎叶鲜食。

栽培要点　4月初播种，苗龄30d，行株距23cm×13cm，始收期6月初，终收期10月底，每亩播种量5kg。

综合评价　耐热，适应性广，产量高，宜作淡季叶菜类。

（二）茼　蒿

学名：*Chrysanthemum coronarium* L. Var. *Spatisum* Bailey，别名：蒿菜、蒿子秆。菊科。茼蒿自古就有栽培，全市各地均有种植。在秋冬春都可栽培。一般秋播产量高于春播产量。对周年供应及调剂蔬菜花色品种有一定作用。

茼蒿以幼嫩茎叶为食用部分，有香味。茎直立；叶肥厚，叶呈倒卵形或倒披针形；叶缘锯齿状，有深、浅不同的缺刻。头状花序，单花舌状，黄色或白色；种子为瘦果。茼蒿性喜冷凉，适应性广，在10~30℃温度范围内均能生长，以17~20℃为最适宜，在较高的温度和短日照条件下抽薹开花。

细叶茼蒿

品种名称　细叶茼蒿，别名：碎叶茼蒿、小叶茼蒿

来源分布　台州市农家品种，全市各地均有零星种植。

特　　征　株高20cm，叶倒披针形，长20cm，宽4cm，深绿色，叶缘呈不规则稀疏钝锯齿，深裂，裂片3~4对，茎短缩，浅绿色，分枝能力强。

特　　性　熟期早，播种至采收40d，耐寒，耐旱，香味清，品质佳，嫩茎叶供鲜食。

栽培要点　8月中旬至10月上旬播种，10月上旬，至翌年3月中旬，分次采收。

综合评价　产量高，品质佳。

（三）芫 荽

学名：*Corjandrnm sativum* L. 伞形科。

芫 荽

品种名称 芫荽，别名：香菜

来源分布 农家品种，全市零星种植。

特 征 株高20cm，叶簇半直立，叶片羽状深裂，小叶1～3对，长约1.9cm，宽1.4cm，卵圆形，绿色带紫，叶缘锯齿，深裂，叶面光滑，叶柄细长，绿色，上部略带紫红，单株重25g左右。

特 性 早熟，播种至收获30d，耐寒性强，有清香，食用嫩苗，作盆菜盖头装饰或用作香料，品质好。

栽培要点 春秋均可播种，春播不宜过早，以免冻害，秋播不宜过早，以避高温。

综合评价 风味好，品质优。

（四）落　葵

落葵，学名：*Basella alba* L. 别名：木耳菜。落葵科。

木耳菜

品种名称　木耳菜，别名达藤菜

来源分布　台州市地方农家品种，台州各地均有零星种植。

特　　征　蔓生，蔓长3m以上，分枝力强；叶片呈倒心脏形，长15cm，宽15cm，叶色深绿，叶面平滑，其正反面均有光泽，全缘；茎绿色；花粉红色。

特　　性　耐热、耐旱、耐瘠、不耐寒，品质好。

栽培要点　2月下旬播种，清明前后定植，行株距80cm×50cm，始收期5月，末收期10月，实行矮化栽培，行株距33cm×25cm，不搭架。每亩产1 000kg。

综合评价　适应性强，耐热、耐旱，不耐寒，秋淡蔬菜之一。

（五）苦荬菜

学名：*Sonchus oleracens* L.，别名：苦菜、苣荬菜、苦麻菜。菊科。

苦荬菜均为农家品种，栽培历史悠久。分布在台州、金华、丽水和衢州等地区的农村，大多零星栽培。

植株较直立，叶互生，边缘有不整齐的锯齿。在本市的品种中，根据叶形可分成圆叶和尖叶两类。它们均有适应性强、生长势旺、耐热、耐寒等特性。大多数品种有苦涩味，菜饲兼用。

1.圆叶苦荬

品种名称　圆叶苦荬

来源分布　仙居县农家品种，栽培历史悠久，仙居县各地零星种植。

特　　征　叶簇直立，株高90cm，开展度40cm×44cm；叶片长椭圆形，先端稍尖钝，叶长34cm，宽11cm，叶色深绿，叶缘略有锯齿，叶面平滑，周缘呈波浪状；茎绿色。

特　　性　迟熟，耐寒性和耐热性强，耐旱、耐涝性中等，食用嫩叶，稍带苦味，品质中等，以鲜食为主，也可制干。

栽培要点　播种期3月，定植期5月下旬至6月上旬，始收期6月下旬，末收期8月下旬。每亩产2 900kg左右。

综合评价　味微苦，容栽培，鲜食为主，品质好。

2.仙居尖叶苦荬

品种名称　仙居尖叶苦荬

来源分布　仙居县农家品种，栽培历史悠久。仙居县各地零星种植。

特　　征　叶簇直立，株高92cm，开展度45cm×45cm；叶披针形，先端尖，叶长48cm，宽9cm，叶色深绿，叶缘稍带锯齿，叶面平滑；茎浅绿。

特　　性　迟熟，耐寒、耐热。叶梗味苦，品质差，嫩叶可供鲜食。

栽培要点　播种期3月，收获期6月下旬至8月下旬，每亩约产3 000kg。易遭地老虎和蚜虫为害。

综合评价　适应性广，产量高，近年多作野生蔬菜食用，还可兼作饲料。

（六）苜 蓿

苜蓿是苜蓿属（*Medicago*）植物的通称，俗称“三叶草”（三叶草亦可称其他车轴草族植物），多年生开花植物，其中最著名的是作为牧草的紫花苜蓿（*Medicago sativa*），是牲畜饲料。

一年生或多年生草本植物；羽状3小叶，小叶小，有小齿，叶脉伸入齿端；托叶与叶柄合生；花小，组成腋生的短总状花序或头状花序；萼齿近相等；花冠黄色或紫，旗瓣倒卵形或长圆形，基部渐狭，近无柄，龙骨瓣钝，比翼瓣短；雄蕊10，二体（9+1）；子房有胚珠多数，花柱短，扁或锥状；荚果旋卷，常呈贝壳状或弯镰状，不开裂，平滑或有刺，有种子1至数颗。可作为食物，将其在热水中焯过，凉拌即可，味道极佳。

温岭苜蓿

品种名称 温岭苜蓿，别名：黄花草子

来源分布 温岭农家品种，栽培历史悠久，主要分布在温黄平原，近年来温岭主要作繁种制种用种植，全市黄花苜蓿繁种面积200hm^{2}左 右。2010年已被列为浙江省农作物种质资源保护对象。

特　　征　株型直立，茎长130cm左右，茎粗2.7～2.8mm；叶为三出复叶，叶片较大，叶色黄绿，小叶倒卵形，叶长一般2～3cm；茎叶比约为0.76：1；花为总状花序，花黄色，每花序结荚约3个；荚成螺旋形卷2～3圈，边缘有刺毛，刺端有沟；每荚有种子3～7粒，千粒重2.4～2.5g，种子占种荚重量的35%、体积的5%。

特　　性　早熟。蔬菜、绿肥兼用。

栽培要点　作蔬菜种植，一般9月底至10月初播种，采用撒播，每亩播种（荚果）量15～20kg，50～60d后开始割草头采收，一直采收到翌年3月初，每亩产量1 500～2 000kg。作绿肥种植，一般10月中旬至11月播种，采用穴播，穴距45cm，每亩播种（荚果）量3～4kg。作留种利用，一般10月下旬至11月播种，采用穴播，穴距50～60cm，每亩播种（荚果）量1.5～2kg，翌年5月下旬采种，每亩种子（荚果）产量100kg。黄花苜蓿不耐瘠，播前应用磷肥拌种。黄花苜蓿幼苗极不耐干旱，秋旱要灌水，但又不能积水，南方雨水多，地势较低的，要开深沟，以利排水和降低地下水位。黄花苜蓿病虫害较少，若发生炭疽病，喷草木灰或波尔多液均可防治。

综合评价　早熟，病虫害少，易留种，养分含量高，菜用品质佳。

（七）苋 菜

学名：*Amaranthus mangostanus* L.，别名：米苋，苋科。

苋菜在台州市栽培历史悠久，含有丰富的钙、铁等矿物盐，胡萝卜素和抗坏血酸含量也很高。苋菜主要以幼苗或嫩茎叶作菜炒食，也有取老茎腌渍蒸食。由于苋菜耐热性强，适应性广，分期播种，分批采收，能从4月供应至10月，播种面积大，夏季主要绿叶蔬菜之一。

苋菜为一年生草本植物。茎肥大而质脆，分枝少；叶互生，全缘，先端尖或钝圆，有披针形，长卵形或卵圆形；叶面平滑或皱缩，有绿色、黄绿色、紫红色或绿色与紫红色嵌镶；种子极小，圆形，色黑而有光泽。苋菜性喜温暖气候，耐热，不耐寒冷；具有一定的抗旱能力；生长适温23~27℃。苋菜是一种高温短日照作物，在高温短日照条件下极易开花结籽。

本地苋菜品种以叶的颜色分为绿苋和彩色苋。

绿苋：叶和叶柄绿色或黄绿色。食用时口感较彩色苋为硬，耐热性较强，适于春秋两季栽培。如白苋菜。

彩色苋：叶边缘绿色，叶脉附近紫红色，质地较绿苋软糯。耐寒性较绿苋强，适于早春栽培。

1.白苋菜

品种名称 白苋菜，别名：白茎

来源分布 临海农家品种，栽培历史悠久，台州市各地均有零星种植。

特　　征　全株茎光滑无毛，直立，分枝，茎梗绿色，无刺；叶互生於枝条，有长柄，卵形或三角状广卵形，先端钝，全缘，略有波状，叶绿；花朵细细小小，密集成穗，摸起来干扎扎的；果实称为胞果，是由薄薄的膜状果皮将种子包住。

特　　性　早中熟，生育期90d左右，喜温暖，耐热、不耐寒，富含钙质和维生素K，每亩产量约1 000kg。

栽培要点　5月下旬至7月播种，8月下旬至9月下旬成熟采收，栽培时加强肥水管理，注意及时防治病虫害。

综合评价　品质好，富含钙质和维生素K，属濒危品种，需保护。

2.青叶苋菜

品种名称　青叶苋菜，别名：苋菜股

来源分布　温岭市农家品种，温岭市各乡镇零星栽培。

特　　征　植株长势中上，直立，株高80~100cm，开展度40cm×50cm；茎绿色，柱形，有棱沟，表面光滑，分枝性弱；茎长75cm，粗3cm左右；叶26~32片，卵形，先端尖或凹陷，基部契形，长24cm，宽15cm，绿色，全缘，叶面皱褶；单株重400~450g。

特　　性　中熟偏晚，全生育期80d左右，耐热、抗病、品质好。食用茎的髓部为主，嫩茎叶为次。

栽培要点　4月下旬至5月初播种，每亩用种量0.5kg。6月中下旬定植，行株距25cm×20cm。7月中旬开始收获，每亩产量2 500~3 000kg。

综合评价　抗性强，耐热，易栽培，产量高，品质佳。鲜食用幼苗、侧枝和顶端嫩叶炒食。加工用肥大主茎腌制，味极鲜美。

3.红苋菜

品种名称　红苋菜，别名：紫苋菜

来源分布　临海市地方品种，栽培历史悠久，全市各地均有分布。

特　　征　株高30cm左右，茎基部紫红色，上部浅绿色，叶卵圆形，顶端尖，长12cm，宽7cm，叶上部边缘为绿色，中下紫红色，全缘，叶面平滑，叶柄浅绿色。

特　　性　属早熟品种，播种后30～60d可采收，抗病虫，鲜食或加工腌渍，食用嫩茎叶或老茎的髓部，品质佳，风味好。

栽培要点　红苋菜生长期短，耐热性强，在无霜期内均可播种，一般春播在3月下旬至6月上旬播种，5月上旬至7月上旬采收。秋播7月下旬至8月上旬播种，8月下旬至9月下旬采收。及时摘除侧枝，使茎长得粗而高，食用嫩茎叶的，每亩约产1 250kg。

综合评价　生长期短，病虫害少，品质柔软，鲜食腌渍均可，其腌渍茎具独特风味，深受当地人们喜爱。

（八）茎用莴苣

学名：*Lactuca sativa* L. var. *angustana* lrish.，别名：莴苣笋。菊科。

茎用莴苣在台州市栽培历史悠久，全市各地市郊和农村均有分布，春秋两季栽培，可生食、熟食和腌渍，对调节春淡和秋淡起一定作用。

茎用莴苣的叶片有披针形，长卵圆形，长椭圆形等，叶色淡绿、绿、深绿或紫红，叶面平展或有皱褶，全缘或有缺刻；茎部肥大，茎的皮色有浅绿、绿、白绿或紫红色，茎的肉色的浅绿、翠绿、白绿或黄白；叶形有尖叶和圆叶两个类型，种子发芽的最低温为4℃，适温15~20℃。幼苗生长的适宜温度为12~20℃，茎叶生长适宜温度为11~18℃。在高温长日照下比在低温长日照下抽薹更早。

早莴苣

品种名称 早莴苣，别名：白皮莴苣

来源分布 地方农家品种，全市各地均有分布。

特　　征 株高37cm左右，开展度34cm×30cm；叶倒卵形，长34cm，宽13cm，浅绿色，叶面稍皱；肉质茎长棍棒形，长30cm，粗5cm，节间长1.2cm，皮绿色，肉绿白色，单株茎重300g左右。

特　　性 属早熟品种，定植至收获90d左右，耐热性强，耐寒性稍差，易感霜霉病，品质中等。

栽培要点 一般在8月上旬至9月中旬播种，9月中旬至10月上旬定植，苗龄掌握在20~25d，密度株行距25cm×30cm，12月上旬至翌年2月下旬采收。每亩约产2 000kg。

综合评价 早熟，耐热性强，耐寒性稍差，易感霜霉病，茎皮均为白绿色，商品性好。

（九）凤仙花

学名：*Jmpatiens balsamina* L.，凤仙花科。

凤仙花

品种名称 凤仙花，别名：花梗、指甲花、金凤花

来源分布 地方品种，有较长的栽培历史，台州市各地均有零星种植。

特　　征 植株直立，株高1m，开展度28cm×28cm，基茎粗2.5cm；叶互生，绿色，阔披针形，长18cm，宽4cm。叶柄长4cm，叶缘锯齿状；基部7~8片叶腋抽枝不开花，其上部叶腋开花结子不抽枝，花白色单瓣。

特　　性 早熟品种，播种至收获50~60d，耐热，适应性广，单株重200g左右，风味浓，品质好，食用茎内髓部，腌渍加工用。

栽培要点 5月上旬至6月上旬直播或育苗播种，7—9月收获，采收适期为第1~2档蒴果已成熟，而其上端还在开花，茎色由绿转黄绿时即可采收。每亩产2 000~2 500kg。种子繁殖方法：凤仙花种子较小但寿命较长，在室内存放3年的种子，其发芽率仍可达79.9%以上，留种母株须春播，凤仙花结蒴果，状似桃形，成熟时外壳会自行爆裂，故采种需及时。

综合评价 耐热性强，适应性广，风味特殊，品质佳。作加工用，是补充秋淡的蔬菜。

六、豆　类

（一）绿　豆

绿豆（*Vigna radiata* (Linn.) Wilczek.），别名：青小豆（因其颜色青绿而得名）、菉豆、植豆等。属于豆科。种子和茎被广泛食用，绿豆芽是台州市广泛食用的蔬菜之一。绿豆清热之功在皮，解毒之功在肉。绿豆汤是家庭常备夏季清暑饮料，清暑开胃，老少皆宜。传统绿豆制品有绿豆糕、绿豆饼、绿豆沙、绿豆粉皮等。

温绿83

品种名称　温绿83，别名：毛绿豆

来源分布　温岭农家品种，栽培历史悠久，在温岭全市山区、平原、沿海涂地均有种植，绿豆芽（豆芽菜）是台州市广泛食用的蔬菜之一。

特　　征 株型直立，植株高度约60cm。茎杆绿色，有绒毛；三出复叶，叶片较大，绿色，心形，叶缘平整。叶柄较长，紫红色，被有绒毛；总状花序，花淡黄色，着生在主茎或分枝的叶腋和顶端花梗上，花梗紫红色，密被褐色绒毛；荚果细长，具褐色绒毛，成熟荚黑色，圆筒形，稍弯，荚长7～14cm，单荚粒数一般10～12粒，多的可达19粒；种子浅绿色，种皮无光泽，无蜡质，籽粒大小中等，百粒重5.4g左右，呈圆柱形，长约5.1mm，宽约3.8mm。

特　　性 生育期短，早熟，从播种至始收荚果约70d左右，采收期20～30d，全生育期90～100d。性喜温暖，适应性广，抗逆性强，耐旱、耐盐、耐瘠，抗病毒病、叶斑病、白粉病。

栽培要点 一般在“立夏”前后穴播。薯地套种，先播绿豆后插薯苗或薯苗绿豆同时落地，行距随垄距大

小而定，穴距以60cm左右为好，每穴播5～6粒。成片种植的穴距40cm×50cm，每穴留苗3～4株。薯地套种无需单独管理，原则上不施氮肥，在生长势差时少量施用磷钾肥。做好蚜虫防治。适时采收，荚果变黑色后即可分批采摘，采收后及时晾晒、脱粒、清洗、熏蒸后贮藏于冷凉干燥处。

综合评价 种皮薄，肉质细糯可口，品质极佳，绿豆芽（豆芽菜）是台州市广泛食用的蔬菜之一。

（二）菜用大豆

学名：*Glycine max* Merr，别名：毛豆。豆科。菜用大豆，即指采青荚上市作菜用的大豆，一般质较糯，口感好，有些品种具有青香味。台州市菜用大豆品种较丰富，栽培历史悠久，供应期一般在5—10月，在补蔬菜淡季方面起着重要作用，且营养价值高，有的品种还可以创汇。

毛豆植株生长势较强，荚多为镰刀形，荚面附有灰白和棕色茸毛，晚熟白毛品种大多还可加工，乌毛豆（别名：乌皮青仁）是重要的出口品种，发展前景较好。

菜用大豆按成熟期可分为早、中、晚熟三类。早熟品种，播种至嫩荚采收60~90d，株型较小，分枝性也中等，一般春秋两季均可播种；中熟品种，播种至嫩荚采收90~110d，株型较大，一般在8月前后上市；晚熟品种，播种至嫩荚采收110d以上，株型大，一般在10月前后上市。

1.大粒黄

品种名称　大粒黄

来源分布　天台农家品种，2000年前零星种植，2000年后为本县旱地秋大豆主栽品种，年种植面积超过3hm^2；主要分布天台县平桥镇新中、宁协、平北、屯桥、东林等办事处。

特　　征　该品种属直立型，株高50～60cm。茎秆粗壮，分枝多而整齐，具3小叶，近圆形。荚果肥大，长圆形，稍弯，长4～8cm，密被褐黄色绒毛；种子1～4颗，近球形，种皮光滑，种脐明显，椭圆形。大粒黄由于成熟籽粒大而皮黄色而得名，结荚率高，粒子大，百粒重40g，做豆腐产出率高。

特　　性　全生育期100～105d，抗性好，茎秆粗壮，分枝多而整齐，结荚率高，一般每亩产量120～150kg，高产田块可达170kg。也有许多农户种在单季稻田埂上，高产优势更加突出，一丛可采收150～200g。

栽培要点　一般在6月中旬播种，10月上旬成熟。每亩播种3 000～3 500丛、播种量4～5kg。苗肥一般每亩施尿素5kg，及时中耕除草，并进行培土。病虫害防治方面，苗期主要是蚜虫为害，开花、结荚期主要是斜纹夜蛾、豆荚螟为害，应尽早喷药防治。

综合评价　粒大、产量高，适宜鲜食与加工。

2.绿衣豆

品种名称　绿衣豆

来源分布 为当地农民自行筛选并经多年种植而成的农家品种，常作秋大豆鲜食品种，主要分布在椒江前所及周边地区。

特　　征 该品种株高80~85cm，茎秆较粗，主茎17~18节；叶大色深，叶片卵圆形，长势旺，单株有效分枝3个；淡紫色花，亚有限结荚习性，始荚高度为20~25cm，单株有效荚数30荚左右；鲜荚浅绿色，着淡红小毛，荚大，百荚鲜重293g，以二粒荚为主，粒间分布间隙大，种子外面披绿色溥衣，故名“绿衣豆”。

特　　性 采收鲜荚生育期104d左右，鲜荚产量高；植株高大，易徒长，耐肥性一般；由于豆荚外着红毛，影响商品性，但其豆荚蒸煮酥糯，味微甜，口感好。

栽培要点 该品种在本地一般7月上旬播种，8月中旬开花，10月20日左右采鲜荚，每亩用种量7~8kg，适当稀植，以宽行窄株种植，每亩栽1.3万~1.4万株为宜；早施苗肥，中期重施花荚肥，促进开花结荚，后期适施鼓粒肥，防止早衰。

综合评价 大豆味甘、性平，具有健脾宽中，润燥消水，清热解毒、益气的功效，同时它作为本地秋种大豆，是本地很好的蔬菜时鲜品种，有较好的开发和利用价值。

（三）菜 豆

学名：*Phaseolus vulgaris* L.，别名：四季豆、芸豆、刀豆等。豆科。

菜豆在台州市栽培历史较短，尤其是蔓性菜豆栽培仅60多年，主要分布在城市郊区。矮生菜豆有较长的栽培历史，分布也广，城市郊区和农村均有，不同地区有不同的品种，但多数矮生菜豆地方品种的抗病性较弱，产量低而不稳定，品质也较差，故曾一度栽培面积有所减少。同时部分品种也被淘汰。通过引入优良品种后，栽培面积迅速扩大，促进了菜豆的生产，对缓和“春淡”也起了积极作用。

菜豆具有丰富的营养，可炒食，煮食和罐制，个别品种种子特大而质糯，供粮和制豆沙馅极佳，深受人们欢迎。

菜豆品种根据植物学性状可分矮生菜地和蔓生菜豆两类，台州市地方品种均为蔓性菜豆。

1.红筋四季豆

品种名称 红筋四季豆，别名：红筋剪豆

来源分布 天台农家品种，全市各地均有零星种植。

特　　征 茎蔓生；初生真叶为单叶，对生，以后的真叶为三出复叶，近心脏形；总状花序腋生，蝶形花，花冠淡紫色，自花

传粉，每花序有花数朵至10余朵，一般结2~6荚；荚果长15~16cm，荚宽1.4~1.5cm，形状直或稍弯曲，横断面扁圆形，边缘红色，故名红筋剪豆；每荚含种子4~8粒，种子肾形，淡黄色。荚肉厚，纤维少，品质好，嫩荚供食用。

特　　性　植株蔓生，无限生长。生长势强。花紫红色，嫩荚绿色，两侧带紫红色。单株结荚多，结荚时间长，产量高。种子肾形，种皮为淡黄色。该品种中熟，抗逆性较强。

栽培要点　春播于4月上中旬；秋播采用直播或育苗移栽均可。忌连作，采用支架栽培，一般亩栽7 000株左右（2 500~3 000穴），一般在花后10d左右即可采收嫩豆荚。主要病害有枯萎病、锈病和炭疽病等；主要虫害有豆荚螟等。

综合评价　鲜食品质好，濒危稀有品种急需保护。

2.红花四季豆

品种名称　红花四季豆

来源分布　路桥农家品种，全区各乡镇均有种植。

特　　征　该品种植株蔓生，花紫红色，嫩荚尖深白色，近圆柱形略扁，种子棕黄色。单株结荚多。

特　　性　全生育期80～85d，4月中旬播种至嫩荚采收约60d。每亩产量2 000～2 500kg，食味口感脆嫩，纤维少。

栽培要点　露地一般于4月上中旬播种，6月上中旬嫩荚始收，采收期40d左右。种植密度：畦宽1.3～1.4m（连沟）种2行，株距35～40cm，每穴播3～4粒种子。

综合评价　嫩荚食用口感脆嫩，纤维少，食味佳，作淡季蔬菜的补充。

3.白花四季豆

品种名称　白花四季豆

来源分布　温岭农家品种，栽培历史悠久。温岭各地均有零星分布。

特　　征　蔓生，株高300cm，分枝少，主蔓第4～5节开始着生花序，花白色，每花序结荚3～5个，荚长15cm，圆棍形，绿色，表面光滑，肉厚质嫩，纤维少，每荚含种子5～7粒，籽粒白色。

特　　性　早熟，抗性较弱，不耐高温，适春秋两季栽培。

栽培要点 春播2月下旬至3月上旬，3月下旬至4月上旬定植，行株距53cm×23cm，每穴2株，收获5月下旬至6月下旬；秋播7月下旬，直播，每亩播种量2~2.5kg，收获期9月中旬至10月上旬，注意防止豆螟为害。

综合评价 早熟，品质好，作淡季蔬菜的补充。

4.红筋园荚金豆

品种名称 红筋园荚金豆

来源分布 仙居农家品种，栽培历史悠久。主要分布在仙居县上张、广度、官路等乡镇。2010年已被列为浙江省农作物种质资源保护对象。

特　　征 植株蔓生，长3~4m，生长势强，分枝较多，花冠粉红色，嫩荚长圆条形，稍扁，浅绿色。老荚表面均匀分布粉红色条状斑点，横断面近椭圆形。单荚重10~15g，荚长13~15cm，每荚种子数6~7粒，种粒之间间隔较大。籽粒褐色有黑色弯曲状条纹，百粒重28g。

特　　性 中熟，出苗后约50d可采收，嫩荚纤维少、嫩、味甜、品质佳，喜温暖，怕寒，又不耐高温，对土壤的适应性较强，忌与豆科作物连作。每亩鲜荚产量1 000~1 500kg。

栽培要点 播种3月上旬至4月上旬，株行距为30cm×45cm，每穴播3~4粒，留苗2~3株。开始倒蔓时，必须及时搭架引蔓上架，架成人字形，以利通风透光，促进开花结荚；对生长过旺或通风不良的地块，可摘除老叶、黄叶或过多叶片，以增加结荚率，减少畸形荚。适时采收，以豆荚扁圆、外表有光泽、种子尚未鼓出时采收适宜。

综合评价 该资源质甜脆、耐老化，品质好，商品性好。有较好的开发潜力。

（四）豌　豆

学名：*Pisum sativum* L.，又名荷兰豆，为豆科一年生草本植物。有粮用和菜用之分，菜用豌豆，多数为白花，也有紫花的。豌豆供应期一般在3月下旬至5月，是主要的花色蔬菜品种之一，也有以加工成罐头出口为主要用作的品种。

豌豆植株蔓生或半蔓性，近年有矮生栽培品种。叶为羽状复叶，裂叶三对，复叶基部一对小叶紧靠节部而特大，顶端着生卷须。较耐寒而不耐热，也不耐湿。

本种蔬菜共有10个品种，根据荚壁结构可分为软荚种和硬荚种两类，硬荚种的荚壁内果皮有着皮纸膜，成熟时果荚开裂，多以青豆粒供食，如大白豌豆。软荚种无此膜，果荚不开裂，一般以嫩荚供食，有临海嫩荚豌豆、玉软荚豌豆。

1.玉环剪豆

品种名称　玉环软荚豌豆，别名：剪豆

来源分布　玉环县农家品种，栽培历史悠久，台州沿海各地均有零星栽培，秋冬季软荚豌豆品种之一。

特　　征　植株半蔓生，株高120~150cm；分枝3~5枝，小叶椭圆形，绿色，全缘，叶长3.3cm，宽2.2cm，叶面光滑，有腊质，叶脉明显，主脉顶端延长为触须。花紫色。荚长6.5cm，宽1.4cm，单荚重2.1g，荚扁平弯曲，浅绿色，每荚种子数7粒左右；成熟种子近圆形，表面微皱，黄褐色，百粒重约20g。

特　　性　一般均为直播，播后约150d后陆续开始收摘，耐寒性好，抗病

性中等，易受潜叶蝇为害。豆荚小，大小不均匀，颜色绿，豆荚、豆粒均可食用，品质好，甜中带鲜。

栽培要点 8月底至11月初均可播种，行距60cm，株距40cm，11月中下旬至翌年清明前后开始陆续采收嫩荚。每亩约为500kg。越冬采收产量略低，搭架栽培产量能明显提高。

综合评价 为地方传统蔬菜，品质好，但产量比较低。

2.大白豌豆

品种名称 大白豌豆，别名：水蚕

来源分布 临海农家品种，全市各地均有零星种植。

特　　征 蔓生，株高130cm，分生侧枝10~13cm，花白色，主茎第8节着生第一花序，单株结荚17荚左右，荚长6.5cm，宽1.3cm，厚1.0cm，单荚重3g，荚微弯扁条形，每荚种子4~6粒，种子近圆形，种皮黄白色，表面光滑，百粒重22.5g。

特　　性 早熟，播种至嫩荚采收150d，耐寒性强，易遭潜叶蝇为害，豆粒大，嫩老豆荚兼用，鲜食为主。每亩嫩荚产量470kg。

栽培要点 11月上中旬播种，翌年4月上旬至4月底采收嫩荚，5月中旬采收老荚，从播种至采收约170d。

综合评价 早熟，耐寒性强，品质佳。

3.临海软荚豌豆

品种名称 临海软荚豌豆，别名：剪豆

来源分布 临海农家品种，当地各乡镇均有零星种植。

特　　征 蔓生，蔓长130cm，分枝，侧枝5~9个，小叶卵圆形，长7cm，宽5.5cm，绿色，花紫红色，主蔓第7节开始着生第一花序，软荚，荚弯，扁条形，长7cm，宽1.3cm，厚0.8cm，绿色，单荚重2.5g，每荚种子6~8粒，百粒重20g。

特　　性　早熟，播种至嫩荚采收150d，耐寒性强，省肥，嫩荚供食用，但豆荚纤维易老化，宜及时采收。每亩约产嫩荚300kg。

栽培要点　11月上中旬播种，行株距60cm×40cm，4月采收。

综合评价　栽培易，耐寒性强，品质佳。

（五）豇　豆

学名：*Vigna sesquipedalis* Wight.，别名：长豆角、带豆等，豆科。台州市豇豆品种较丰富。栽培历史悠久，面积大，分布广，全市各城镇和广大农村均有栽培。主要为蔓生长荚类型。从果荚颜色看，青荚、白荚、红荚及花荚类型齐全。春播、秋播及春秋均可播种的品种也都有。一般以鲜荚供食，供应期主要在6—11月，为台州市主要的夏季蔬菜之一，对蔬菜的周年供应特别是7—9月蔬菜淡季供应有重要作用。

本种蔬菜共有14个品种，根据荚色可分为青荚种、白荚种、红荚种和花荚种4类。青荚种荚色青绿，荚长50~80cm，较为细长，供应期长，产量高；白荚种荚色青白，荚长30~50cm，较为粗短；红荚种和花荚种，荚色紫红或花色（绿白色底带有紫色花斑）荚长35~60cm，荚面一般较凸。

1.八月豆

品种名称　八月豆

来源分布　临海农家品种，栽培历史悠久，东塍镇等均有分布。

特　　征　蔓生，第9~10节开始着生花序，花浅红色。荚长45~50cm，横径0.6~0.7cm，绿白色，

末端浅红色，荚面微皱，缝合线稍扭曲。单荚重20～25g。种子肾形，褐色，千粒重170g。

特　　性 为中熟品种，播种至初收50余天，可持续采收30～40d。生长势强，耐热性较强。荚肉厚，品质优。

栽培要点 一般6月上旬播种，行距30～40cm，株距8～10cm，每亩留苗1.8万～2.5万株，每亩产量1 000～1 200kg。

综合评价 营养丰富，品质较好。属濒危品种。

2.白皮八月豇

品种名称 仙居白豇豆，别名：八月豇、白豇

来源分布 仙居农家品种，种植历史悠久。全市各地零星种植。

特　　征 蔓生，蔓长185cm，茎绿白色，节间长28cm，叶绿色，花白色，间有紫红色条纹，第一花序着生在主蔓第2～3节，单株结荚75个，荚长36cm，宽0.8cm，厚0.8cm，单荚重约25g，荚圆条形，先端粗短，尖弯，荚面较平，白色，每荚种子17粒，种子肾形，种皮表面光滑，棕色，无斑纹，种脐浅红色。

特　　性 中熟，播种至采收75～110d，耐热、怕寒，较耐湿，不怕旱，品质好。

栽培要点 4月中下旬播种，7月上旬至8月上旬采收。行距为50cm，株距40cm，每穴播3～4粒，留苗2～3株，开始长蔓时必须及时搭架引蔓上架，架成人字形，以利通风透光，促进开花结荚；对生长过旺或通风不良的地块，可摘除老叶、黄叶或过多叶片，以增加结荚率，减少畸形荚。每亩产1 500～1 800kg。

综合评价 适应性广，耐高温，以鲜食为主，品质好，产量高。

3.花皮八月豇

品种名称 花皮八月豇，别名花更

来源分布 仙居农家品种，种植历史悠久。全县各地种植。

特　　征 蔓生，蔓长210cm，茎绿色，节间长18cm，小叶菱形，长14.5cm，宽9.5cm，绿色，第一花序着生在主蔓第2～3节，花大、白色，有紫色条纹，每花序结荚2～4条，单株结荚70条左右，荚长39cm，单荚重约13.5g，荚长偏重，较粗短，横切面扁圆，荚面凸，荚色紫白相间，有紫色斑纹，每荚种子19粒，种子肾形，种皮表面光滑，棕色，无斑纹，种脐紫黑色。

特　　性 晚熟，播种至采收80～110d，耐寒性弱，耐热性强，耐旱，

抗涝性中等，以鲜食为主，品质好。

栽培要点 4月中旬播种，7月上旬至8月上旬采收。行距为60cm，株距25cm，每穴播3~4粒，留苗2~3株，开始长蔓时必须及时搭架引蔓上架，架成人字形，以利通风透光，促进开花结荚；对生长过旺或通风不良的地块，可摘除老叶、黄叶或过多叶片，以增加结荚率，减少畸形荚。

综合评价 耐高温，不耐霜冻，品质好，产量高。

4.红皮八月豇

品种名称 仙居红豇豆，别名：八月豇、红豇

来源分布 仙居农家品种，种植历史悠久。全市各地零星种植。

特　　征 蔓生，蔓长220cm，茎绿白色，节间长25cm，叶绿色。花紫红色，间有紫红色条纹，第一花序着生在主蔓第5~6节，每花序结荚2~3条，单株结荚75个；荚长约40cm，荚肥厚，宽1cm，厚0.8cm，单荚重约25g，嫩荚圆条形，先端粗短，尖弯，荚面较平，红色，每荚种子20粒，种子肾形，种皮表面光滑，棕色，无斑纹，种脐浅红色。

特　　性 中熟，播种至采收80~110d，耐热、怕寒，较耐湿，较耐旱，品质好。

栽培要点 4月下旬播种，7月上旬至8月上旬采收。行距为50cm，株距40cm，每穴播3~4粒，留苗2~3株，开始长蔓时必须及时搭架引蔓上架，架成人字形，以利通风透光，促进开花结荚；对生长过旺或通风不良的地块，可摘除老叶、黄叶或过多叶片，以增加结荚率，减少畸形荚。食用嫩荚在籽粒膨大前采收，采摘时注意不要损坏其他花芽，更不能连花序一起摘掉。

综合评价 耐高温，豆荚纤维少，品质好，产量高。

5.八月豇

品种名称 八月豇

来源分布 三门农家品种，主要分布在亭旁一带。

特　　征 蔓生，无限生长型，茎细而圆，三出复叶，自叶腋抽生20~25cm长的花梗，先端着生2~4对花，花黄色，一般结荚2~4条，荚果细长，长20~30cm，色泽淡绿。每荚含种子16~22粒，肾脏形，色泽红褐。根系发达，根上生有粉红色根瘤。

特　　性 抗病、耐旱、耐热性强。

栽培要点 一般在6月上旬播种，密度为行距60～70cm，株距20～25cm，每穴4～5粒，留苗2～3株，豇豆耐旱，忌连作，对土壤适应性广，只要排水良好，土质疏松的田块均可栽植，全生育期85d左右。留干籽，一般亩产70kg左右。豆荚应分期收获，收获后应及时晒干、脱粒，防止霉变。

综合评价 品种抗性强，干籽粒主要用于制作豆沙、豆酱、糕点的原料。

6.临海花豇豆

品种名称 临海花豇豆

来源分布 临海地方品种，栽培历史悠久，塘里、张家渡等地零星种植。

特　　征 蔓生，蔓长250cm，有侧枝4～8条；茎浅绿色，节间长16～22cm；小叶卵状，长17cm，宽14cm，深绿色；主蔓第5～6节开始着生花序，花微紫红色；每花序结荚1～2条，荚长48cm，宽1.1cm，厚0.9cm，荚色花斑，有豆粒处浅绿色，无豆粒处紫红色，荚先端浅绿色，荚形长圆条，喙嘴短尖，荚面凸，荚壁纤维较少；每荚种子17～19粒，种子肾形，种皮浅紫红色。

特　　性 属早熟品种，播种至采收60～100d，耐热，耐寒性弱，抗逆力中等，播种期长，易栽培，单荚重22g，口感糯，品质佳。

栽培要点 春栽于4月上中旬播种，秋栽于7月上中旬直播。6月上旬至8月下旬采收，行株距50cm×30cm，每穴2～3粒加强病虫防治，注意及时采收。每亩约产750kg。

综合评价 早熟，优质，糯性好，播期长。

（六）扁　豆

学名：*Dolichos lablab* L.，别名：峨眉豆、眉豆、沿篱豆、鹊豆。豆科扁豆属，一年生草本植物。我国自古栽培，本市各地城镇和乡村宅旁屋后篱边杂地普遍栽培。肥嫩的豆荚可炒食、煮食，腌渍和干制，老熟种子可煮食，还可做豆沙馅和扁豆泥，白扁豆的营养丰富，常食有清暑、除湿和解毒药效，早熟扁豆可调剂伏缺，增加花色品种。

扁豆喜温暖，较耐热，抗逆性强，适应性广。台州市气候温和，雨量充沛，山区丘陵、宅边、篱边十分适宜扁豆的生长，全市各地在长期生产实践中选育出很多品种。扁豆品种依花的颜色不同分成白花扁豆和红花扁豆两大类。

白花扁豆：茎、叶、荚果皆为绿色，或淡黄色，花为白色。

红花扁豆：茎为绿色或紫色，叶柄、叶脉多为紫色，花为紫红色，荚紫红色或绿色带红。

1.红荚扁豆

品种名称　红荚扁豆

来源分布　台州市地方品种，栽培历史悠久，全市各地零星种植。

特　　征　蔓生，长势旺，分枝力强，茎、叶、叶柄、叶脉紫红色；小叶呈阔卵圆形，长12cm，宽14cm，叶绿色；首花着

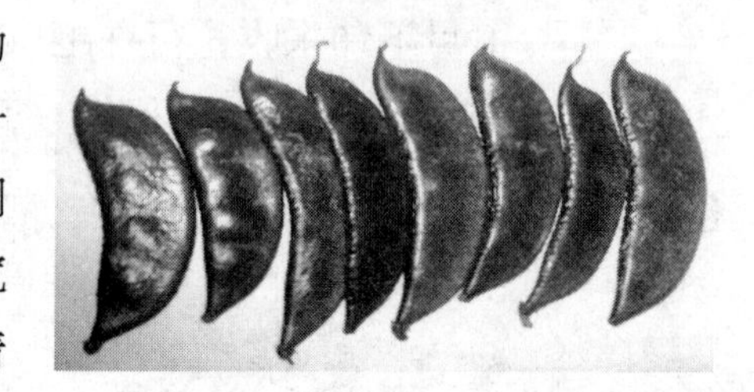

生在第14～15节上，以后节节现花，花紫红色，每一花序着生20～30朵花，结荚10～20只；荚镰刀形，长8cm，宽2.2cm，厚1.1cm，表面紫红色，扁平光滑，每荚含种子5粒。

特　　性　属晚熟品种，全生育期180～210d，耐旱、耐湿，抗病力强，易栽培，嫩荚供炒食，肉薄，单荚重6～12g，品质较差。

栽培要点　一般在4月中旬播种。采用双行单株栽培，一般畦宽2m，株距0.4～0.6m，每亩定植1 200～1 500株。搭架整枝，促发花絮枝；当主蔓长至0.5m左右时，及时对主蔓打顶摘心，促发子蔓和花絮枝，最后形成2枝侧蔓，4枝孙蔓和8枝重孙蔓，每株抽生花枝200根左右。加强肥水管理，适时防病灭虫，及时采收，达到优质高产。

综合评价　晚熟，耐旱、耐湿，抗病力强，易栽培，嫩荚供炒食，肉薄，品质较差。

2.红扁豆

品种名称　红扁豆

来源分布　天台农家品种，各乡镇路边和庭院均有零星种植。

特　　征　一年生草本植物，茎蔓生。小叶3片，叶阔卵形，长6～10cm，宽4～10cm，顶端短尖或渐尖，基部宽楔形或近截

形，叶背面叶脉呈紫色。总状花序、腋生；花2~4朵，丛生于花序轴的节上；蝶形花冠，花瓣紫红色。荚果扁平，镰刀形或半椭圆形，长8~10cm，宽2~2.5cm；种子3~5颗，长扁圆形。采收期长，一般从9—12月均可采收。种子紫黑色，种皮表面平滑略有光泽，一侧边缘有隆起的白色眉状种阜，质坚硬。

特　　性　植株蔓生，无限生长，生长势强。种子适宜发芽温度为20℃左右，适宜春季播种。该品种根系发达强大，对各种土适应性好，植株耐高温。采收期长，一般从9—12月均可采收。

栽培要点　一般3月中下旬至4月上旬播种。地头、路边或庭院边播种，每穴播种2~3株，不设支架栽培。

综合评价　食用品质一般，在本地作花样蔬菜。

3.白扁豆

品种名称　白扁豆，别名：扁豆仁

来源分布　路桥农家品种，栽培历史悠久，主要分布于金清、蓬街等地，利用河岸搭水棚种植，常与丝瓜间作。其他乡镇大多利用屋旁杂地零星种植。

特　　征　蔓生型，蔓长5~8m，茎蔓缠绕生长，茎叶、柄及叶脉均为绿色，花白，荚绿白色，种子白色。总状花序腋生，穗状长花轴，无限生长花序，簇生花10~20朵，一个花轴一般结荚6~12个，荚果扁平肥厚，长6~8cm，宽2~3cm，每荚结种子3~4粒，百粒重40g。

特　　性　晚熟，全生育期160~180d，耐阴，耐瘠，耐干旱，抗病虫害能力强，对土壤适应性广，易栽培。

栽培要点　一般在4月下旬至5月初播种，8月下旬始花结荚。种植密度为行距1.5~2m，株距50~60cm，每穴留苗2~3株；苗期注意蚜虫，开花结荚期重点防治豆荚螟、炭疽病等。

综合评价　白扁豆既是食中佳品，又可作清凉饮料，也可入药，具补脾胃化暑湿，花可治痢疾、呕吐、泄泻，豆衣健脾利尿等功效。

七、葱蒜类

（一）葱

葱在台州市城市郊区和农村中普遍栽培，质嫩味香，供应期长，既可直接作蔬菜，又是良好的调味品，在蔬菜栽培中有着特殊的地位。虽面积不大，上市量不多，但不可缺少，菜农也乐于种植。

地方品种根据植株大小，分蘖性，抽薹与否，种子有无和鳞茎的发达程度分为：分葱、楼葱、胡葱。

分葱（*Allium fistulosum* L. var. *caespitosum* Makino）：植株较小，分蘖性强，管状叶发达，叶质嫩，香味较浓，以葱白和叶片供食用。

楼葱（*Allium fistulosum* L. var. *viviparum* Makino）：分蘖性强，能抽薹，在茎顶端结气生鳞茎的品种。

胡葱（*Allium ascalonicum* L.）：叶与分葱相似，鳞茎特别发达而成簇生，这是胡葱的最大特点，夏季地上部三枯萎，以鳞茎越夏，分蘖性强，以鳞茎繁殖。鳞茎是主要的食用部分。

1.大田葱

品种名称 大田葱

来源分布 临海地方品种，栽培历史悠久，全市各地零星种植。

特　　征 株高55cm，分蘖性强，管状叶，长27cm，粗0.7cm，绿色，无蜡粉，每株葱有健叶3片左右，葱白长18cm，长1.2cm，圆形，绿白色，鳞茎不膨大，白色。

特　　性 该品种属晚熟，单株重25g。耐热，较耐寒，抗病，怕涝，香味浓，品质好。

栽培要点 5月上中旬播种育苗，每亩用种量1.2kg，可移栽3~5亩大葱，移栽前15d停止浇水，进行蹲苗，以利稳健生长，移栽行株距25cm×15cm为宜。定植后加强肥水管理，随着葱白不断伸长应及时培土，最后垄高70~80cm，培土以不埋心叶为准。每丛6~7苗，11月至翌年2月一次性收获，每亩产2 000~2 500kg。

综合评价 产量高，采收期长，葱白、葱叶品质好，香味浓。

2.虎爪葱

品种名称 虎爪葱

来源分布 临海市地方品种，栽培历史悠久，全市各地零星种植。

特　　征 株高45cm，分蘖性强，叶粗管状，长35cm，横径1.1cm，绿色，叶面有少量蜡粉，假径圆筒形，长17cm，横径1cm，入土部白色，出土部绿色，4月每条假径抽生一个薹，在其顶端结出气生鳞茎4～6个，形似虎爪，故名虎爪葱用虎爪繁殖。

特　　性 该品种属晚熟，单株重20g。耐热，耐寒性一般，辛辣，香味浓，品质好。

栽培要点 一般于5月下旬开沟栽植，定植后当年可分蘖成2～4株，翌年可分蘖成10株左右，每株有5～6片叶。采收可根据市场需要，随时收获上市。注意保持田畦水分，假茎易失水松软，影响葱白产量与品质。

综合评价 适宜家庭和大田种植，便于管理，可随时采收上市，香味浓，品质好，耐寒性一般。

3.肉　葱

品种名称　肉葱，别名：红荞头、火葱

来源分布　临海市郊农家品种，栽培历史悠久。当地零星种植。

特　　征　植株矮，粗壮，株高40cm，分蘖性强，单株能分蘖成20～30分枝，管状叶，长30cm，粗0.8cm，绿色，葱白长10～12cm，粗1.3cm，扁圆形或圆形，鳞茎呈纺锤形，横径1.5cm，外皮紫红色，肉白色，形状与薤头相似。没有种子，以鳞茎繁殖。

特　　性　性喜温凉，耐寒性强，以葱头越夏，能开花结籽，一般3月下旬始花，5月种子成熟，但生产上很少用种子繁殖，而用鳞茎繁殖，易感锈病，叶质较硬，清香味浓。耐寒，耐旱，易罹灰霉病，鳞茎贮藏性差，易烂。鳞茎与肉同煮食味佳，故称肉葱。

栽培要点　8月下旬鳞茎播种，穴距25cm×20cm，每穴种鳞茎1～2个，10月割葱叶一次或不割，12月至翌年3月葱叶和鳞茎一起采收食用或到5月下旬至6月上旬葱叶枯黄后收获鳞茎，晒1～2d，然后连叶捆扎成把，挂在阴凉通风处贮藏，如在12月进行分株移植，鳞茎产量更高。每亩产青葱1 500～2 000kg。

综合评价 适应性广，栽培简易，高产，葱味浓，鳞茎与鱼、肉煮食风味佳。

4.分　葱

品种名称 分葱

来源分布 台州农家品种，全市各地均有零星种植。

特　　征 植株直立，株高30cm，丛开展度18cm×22cm，分蘖性强，单株能分成7~14株，单株有叶3、4片，叶细管状，圆筒形，长25cm，粗0.7cm，绿色，假茎圆筒形，长6~7cm，粗0.6~0.7cm，白色。不开花结籽，为分株繁殖。

特　　性 生长期60~70d，耐热，耐寒，抗病，辛辣味浓，品质佳。

栽培要点 春、秋两季分株栽植，一般春季3月下旬至5月上旬，秋季8月上旬至9月上旬种植，穴距15cm，行距20cm，每穴2株，生长期间及时除草、浇水、施肥，保持土壤湿润，同年可上市。

综合评价 抗病性好，辛辣味浓，品质佳。

（二）洋 葱

学名：*Allium cepa* L.，百合科。洋葱在本市栽培历史较短，但各地普遍栽培，除供应当地外，还运销其他城市。

洋葱抗性强，栽培易，一般10月上旬播种，翌年5月下旬至6月采收，耐贮藏运输，有利于相互调剂，均衡供应。

洋葱种子生产周期长达3年，种子产量受气候影响较大，因此有许多栽培洋葱的地方自己并不留种，种子从外地购入，故品种的变换较大。

头陀洋葱

品种名称 头陀洋葱

来源分布 黄岩农家品种，黄岩等地均有零星分布。

特　　征 株高70cm，开展度40cm×12cm，管状叶，长45~50cm，绿色，叶鞘白绿色，蜡粉多，鳞茎外皮紫红，鳞片为白色，纵径5.5cm，横径8~10cm，平均重300g。

特　　性 早中熟，生长期230d左右，休眠期较短，萌芽较早，贮藏性较差，含水量较多，味微辣，香味浓，品质好，供炒食或调味用。

栽培要点 9月下旬播种，11月上旬定植，行距30cm，株距20cm，翌年5月收获，生长期间注意霜霉病防治。5月份收获，每亩产1 500～2 000kg。

综合评价 香味浓，品质好，是弥补淡季的好品种。

（三）韭　菜

学名：*Allium tuberosum* Rottl. Ex Spr.，百合科。

韭菜在本市各地均有栽培。韭菜可收割青韭，也可软化栽培韭黄，一年多次收获，周年供应。

药山细叶韭

品种名称　药山细叶韭

来源分布　黄岩药山农家品种，栽培历史悠久，黄岩、温岭等地均有零星种植。

特　　征　株高32cm，分蘖性强，叶片前端下勾，叶长35cm，宽0.5cm，窄长条，绿色，叶鞘白色。

特　　性　不耐寒、不耐热，耐肥不耐瘠，耐涝不耐旱，病虫少，叶质较柔软，辛香味尤浓，品质优，炒食或作配料。

栽培要点　可种子播种或育苗栽培，但多数为分株繁殖，10月定植，行株距20cm×15cm，11月下旬至12月上旬施肥培土，翌年2月下旬开始收割青韭，一个月左右收割一次。夏季高温和冬季低温期生长不良，应封刀养叶，年产量每亩产2 000kg。

综合评价　叶质较柔软，辛香味尤浓，品质优。

（四）大　蒜

学名：*Allium sativum* L.，百合科。

大蒜株产于亚洲西部，传入我国栽培已2 000余年。本市栽培历史悠久，各地均有种植。大蒜的鳞茎、蒜苗（青蒜）和蒜薹均可食用，风味甚佳，为本市人们喜爱的蔬菜之一。

赤山紫皮蒜

品种名称　赤山紫皮蒜

来源分布　天台农家品种，分布于平桥镇屯桥一带。

特　　征　株高60～70cm，蒜薹粗而长，蒜薹长可达60cm。全株叶片数12～15张，叶片绿色，直立。蒜头形小，扁圆形，横径3～4cm，每个蒜头有6～8瓣。蒜头外皮白色，蒜衣外层微紫带红色，因而得名。内层蒜衣白色，蒜瓣色洁白。蒜头重14～20g，平均单瓣蒜重2g左右。

特　　性　全生育期约250天，耐肥，蒜辣味重，每亩产蒜头300～400kg，收蒜薹约300kg。

栽培要点　一般于立秋后至9月上旬播种，每亩栽4万左右为宜，覆土厚度3～4cm，年前控制肥水，松土保墒。待春季气温回升，大蒜开始生长时，浇返青水，结合施肥，促进蒜苗生长。

综合评价　产量较高，蒜辣味重，适宜推广。

（五）薤

学名：*Allium chinensis* G. Don.，百合科。

牛腿藠

品种名称 牛腿藠，别名：薤头、荞头

来源分布 为百合科葱蒜属多年生草本植物，天台农家品种，为浙江省藠头品种的上品。种植历史悠久，主要种植在三州乡、平桥镇紫凝、始丰街道等地。

特　　征 株高45～60cm，分蘖性强，一个鳞茎可分蘖成15～25个，甚至多达60个。叶片丛生，叶细长，长40～45cm，宽0.6～0.8cm，中空，横断面呈梯状四角形，叶色浓绿，具蜡粉。鳞茎为短纺锤形，或牛腿形、鸡腿形，白色，上皮稍现紫色或绿色，是药用和食用的主要器官，长3～4cm，横径2～3cm，单个鲜重12～16g。

特　　性 该品种全生育期300多天，适应性强，具有耐瘠、抗旱、高产、质优、怕涝等特点。清种和套种皆宜。不耐连作，连作三年易受病害。每亩产量1 000～1 500kg。

栽培要点 一般在8—9月播种，选择中等大小的种鲜茎，每亩用种量150kg，按行距30~40cm，株距8~10cm开沟挖穴，每穴1株，要求每亩不少于20 000穴，要重施基肥，出苗后及早中耕除草和追施苗肥，做好清沟排水、增施磷钾肥，生长期间要做好葱管蓟马、根螨、韭蛆、炭疽病等病虫防治。翌年6月下旬前后收获，每亩产1 800kg。

综合评价 藠头具有通阳散结，行气导滞功用，是药食同源作物。播种期弹性大，适应性广，栽培管理简易，加工后爽口，味好。

八、瓜 类

（一）丝 瓜

学名：*Luffa* L.，普通丝瓜（*Luffa cylindrica* Roem.）和棱角丝瓜（*Luffa acutangula*，Rosb.）两个变种。葫芦科，丝瓜属中的一年生攀缘性草本植物。嫩瓜供食，柔嫩多汁，“入厨是佳蔬，入药是良药”，常食清热解毒。老瓜纤维发达可入药，有调经去湿，治痢等药效。江南普遍栽培，台州市城镇和乡村均有分布，是夏秋高温季节重要蔬菜之一。

台州市丝瓜分普通丝瓜和棱角丝瓜两个栽培种。

普通丝瓜分长短两种。长丝瓜：中晚熟，瓜长圆柱形，长40cm以上。表面粗糙，绿色或淡黄色，嫩瓜多汁柔嫩，产量高，品质中等，如临海长丝瓜。短丝瓜：早中熟，棍棒形或短圆柱形，也有牛腿形。皮有白色，绿色或白绿相间。皮薄，肉质较致密，产量较低，品质好。如临海白丝瓜、青皮短丝瓜。

棱角丝瓜：生长势较弱，需肥多，不耐瘠，果面有棱9~11条，果实短棍棒形，皮墨绿色，肉质较紧实，品质好。如八角天萝。

1.八角天萝

品种名称　八角天萝

来源分布　天台农家品种，种植历史悠久，主要种植在赤城街道等地，在临海、三门、仙居等地零星分布。

特　　征　主蔓生长势强，第一雌花节位8～10节，主侧蔓均能结瓜，结瓜性好。掌状叶，叶色深绿。丝瓜果实表面有8条棱角，瓜长20～40cm。肉绿色，肉质脆，爽口。

特　　性　中晚熟，一般生育期100d，较肥沃土壤，喜温湿，抗病性好。一般每亩产量2 000～3 000kg。

栽培要点　一般在3月底播种，4月上旬移栽定植，每亩定植3 000株左右，5月上旬爬蔓时开始搭架。6月中旬瓜蔓开满架子后要不断地整枝，以改善通风透光条件，并结合整枝摘除病叶、老叶和部分雌花。一般在6～10月成熟采收期收获。

综合评价　该品种属于棱角丝瓜，产量高，口感好，开发前景广。

2.白丝瓜

品种名称 白丝瓜，别名：白天萝、本萝

来源分布 温岭市农家品种，栽培历史悠久，各地均有零星分布。

特　　征 生长势强，分枝性强。叶呈掌状深裂五角形，深绿色。第一朵雌花发生在第8~10节，初果节位一般在12~15节，主侧蔓均能结瓜，但以主蔓为主。果实短棍棒状，商品果长38cm，横径4.5cm，单果重350~450g，果皮乳白色。老瓜黄白色，表面光滑，有9~12条淡绿色不明显条纹。种子扁形，黑色，千粒重75g。

特　　性 早中熟，定植至始收60d左右，耐热性、耐涝性、抗病性均强。皮薄，肉质疏松，微甜，水分含量中等，品质好。

栽培要点 3月中下旬播种，4月中下旬定植，行距2.5cm，株距1.5m，搭平架或篱架，留侧蔓1~2个，剪除其余侧蔓和老叶。6月中下旬始收，9月中旬结束，每亩约产3 500kg。

综合评价 抗性强，产量高，品质好，长短适中，淡季上市。

3.白皮丝瓜

品种名称　白皮丝瓜，别名：天箩丝

来源分布　地方农家品种，种植历史悠久，主要分布在台州沿海平原。

特　　征　叶掌状深裂，五角形，深绿色；根系发达，主茎生长势强，长达10～15m，前期以主茎结瓜为主；再生能力强，茎节易发生不定根；腋芽萌发力极强，每节几乎都能发生侧蔓，侧蔓各节均能萌发支蔓，生长中前期以侧蔓结瓜为主，后期以支蔓结瓜。单性花，花黄色，雌雄同株异花，瓜圆柱形，长30cm左右，横径4～5cm，瓜柄绿色，瓜皮白色，肉绿，每亩平均产量2 000kg左右。成熟种子黑色，扁平，种子千粒重100～120g。

特　　性　早中熟，定植至采收60d左右，耐热，耐涝，抗性强，品质好。

栽培要点　大棚种植宜于2月底播种，露地栽培3月底至4月初，育苗移栽，苗龄25d左右。每亩种植800株左右，行距3m，株距35～40cm。做好整枝抹芽与病虫防治。

综合评价　白皮丝瓜产量稳定，瓜形好，口感佳，有一定的市场需求。

4.青顶白肚丝瓜

品种名称 青顶白肚丝瓜

来源分布 黄岩农家地方品种，栽培历史悠久。黄岩等地还有零星种植。

特　　征 长势中等，分枝性强，叶掌状五裂，叶缘有大锯齿，深绿色。主侧蔓均能结果，第一朵雌花着生在主蔓第10～12节上，瓜形上细下粗呈长棒形，瓜长35cm，横径4.2cm，单瓜重300g左右，瓜顶平圆，瓜肚白色，表面平滑光亮，瓜柄和蒂部呈绿色，并有黄绿色缴棱8～10条，老瓜粗大，黄褐色。种子黑色扁圆形，千粒重95g。

特　　性 中熟，定植至始收55～60d，耐热，耐涝，较耐寒，抗病虫能力中等，肉厚，色青白，味鲜嫩，质致密，水分含量中等，品质优。

栽培要点 3月上旬播种，4月上旬定植，河边或池塘边搭架栽培，株距30～50cm，及时整蔓，去除病叶、老叶及雄花，5月下旬至11月上旬采收。搭架栽培每亩约产3 000kg。

综合评价 采收期长，产量较高，品质好，是补淡的好品种。

5.青皮短丝瓜

品种名称 青皮短丝瓜，别名：青天萝

来源分布 临海地方品种，栽培历史悠久，临海各地零星种植。

特　　征　生长势中等，分枝性强，叶五角形，浅裂，叶缘有锯齿。主侧蔓均能结瓜，第一朵雌花着生在主蔓第15节上，果短棍棒形，长25～30cm，横径4.5～5.0cm，果皮绿色粗糙，有9条深绿色纵条纹，并有短线状和斑点突起，横切面圆形，肉白色，老瓜粗大，棕褐色。种子灰褐色，长卵形。

特　　性　属早熟品种，定植至始收60d左右，耐热，耐涝，较耐干旱，抗病性强，单果重250～400g，肉质细而致密，含水量中等，肉厚，不易老化，味微甜，品质好。

栽培要点　一般采用播种育苗，待丝瓜具3.5～4.5片真叶、气温稳定在20℃左右时即可移植，双行植，行距为60～80cm，株距为40～50cm，亩植1 700株左右。丝瓜定植后40余天出现雌花，结瓜后50d左右就能采收。每亩约产2 500kg。

综合评价　早熟，耐热，耐涝，较耐干旱，抗病性强，采收期长，果肉厚，不易老化，肉质细而致密，含水量中等，味微甜，品质好。

（二）瓠 瓜

瓠瓜，学名*Lagenaria siceraria* (Molina) Standl，别名：扁蒲、葫芦、蒲瓜、夜开花、长瓜。葫芦科葫芦属一年生攀缘草本植物。

本市栽培历史悠久，各地城郊乡镇和广大农村匀有分布，为夏季重要蔬菜之一。其嫩瓜供食，老瓜外壳坚硬，可作为瓢或盛具。

浅根系，侧根发达，再生力弱。茎蔓性，分枝性强，被白色茸毛。卷须分叉。单叶互生，叶心脏形，浅裂。嫩瓜绿白色，背阴白色。瓜肉质白，胎座发达。老瓜外皮坚硬，黄褐色，茸毛逐渐消失。单瓜重750~3 000g。种子卵形，扁平，粒重75~130g。

台州市地方品种按果型分有：长柄葫芦、圆葫芦两个变种。

长柄葫芦。果实颈小腹大，不束腰，形似牛腿，淡绿色或绿白色夹青斑，抗性强，产量高，耐热，晚熟。如冬蒲。

圆葫芦。果球形或长圆形，淡绿色或绿白色，晚熟，抗性较强，品质好。如临海圆蒲。

1.冬 蒲

品种名称 冬蒲

来源分布 三门农家品种，各乡镇均有分布种植。

特　　征 植株藤蔓密生软毛，具卷须，匍匐或攀附他物生长，叶互生，心形，同株雌雄异花，花冠白色。瓜皮绿色，表皮光滑，瓜肉白色；瓜形纺锤形，单株可采收蒲瓜5个以上，单瓜重

500～1 500g。

特　　性　中晚熟品种，采收期为6—10月。抗病性好。

栽培要点　一般3月底到4月份均可播种，真叶长到3～4片时移栽，前作忌葫芦科作物。在瓜蔓周围用稻草等铺设，每株留两个主蔓，一般两条主蔓结瓜6～8个。蒲瓜顶端花凋谢后，瓜皮变浅绿色后即可采摘，一般6月开始可一直采摘到10月。

综合评价　早熟，产量高，品质一般。

2.圆葫芦

品种名称　圆葫芦，别名：圆蒲

来源分布　临海地方品种，栽培历史悠久，临海各地均有分布。

特　　征　生长势中等，分枝性较强，叶心脏形，全缘，叶背上有茸毛，叶色深绿，第一朵雌花着生在侧蔓第7节上，每隔6～7节再现雌花，以侧蔓结瓜为主，瓜近圆形，商品瓜长20cm，横径19cm，瓜表平滑，密生白色茸毛，皮绿白色，无花斑杂色，横切面圆形，肉白色。单果重1.5～2.0kg。种子白色，呈长纺锤形。

特　　性　中晚熟，定植至采收70d，耐热，耐旱、不耐涝，抗病性中等。质脆嫩，含水量多，味微甜，品质好，宜炒食和作汤料。

栽培要点　一般在3月下旬播种，4～5片真叶时定植；主蔓7片叶时整枝打杈，摘心，使其通风透光，促进侧蔓生长。当茸毛基本脱落，皮色变淡时为适收期，一般第一批瓜的采收时间是开花后15～20d，旺果期为开花后10～12d，果实过老采收影响食用价值。每亩约产3 000kg。

综合评价　迟熟、耐旱、不耐涝，高产、优质，淡季上市。

（三）冬 瓜

学名：*Benincasa hispida* Cogn.，别名：白瓜、枕瓜。葫芦科冬瓜属一年生攀缘草本植物。原产我国南部，现南北均有栽培。本市栽培历史悠久，各城市乡镇和广大农村都有栽培。

冬瓜富含水分，味淡薄，栽培易，产量高，供应期长，价廉耐贮藏，是夏季消暑解热佳蔬。加工制成的糖瓜、冬瓜条、脱水冬瓜和糖渍蜜饯，别具风味。鲜食冬瓜利尿，是肾脏病、浮种病人的理想疗效食品。

冬瓜按形状分长圆柱形、短圆柱形和扁圆形，按大小可分大果型和小果型品种。

小果型冬瓜：果小，近圆形，雌花多，结果亦多，成熟早，以嫩果供食为主，适于早熟栽培，采收嫩瓜上市。

大果型冬瓜：中熟或晚熟，瓜一般着生在第15节以上，果型大，瓜圆柱形或长扁圆形，采收成熟果实为主。

1.粉皮冬瓜

品种名称 粉皮冬瓜，别名：粉皮枕头瓜

来源分布 温岭市农家品种，全市各乡镇零星栽培。

特　　征 生长势旺，分枝性中等。叶五角心脏形，深绿色，缺刻中等，叶缘有锯齿。第一朵雌花着生在主蔓19~20节，主侧蔓均能结瓜。果实圆桶形，老嫩瓜均可供食，商品瓜长40~50cm，横径18~24cm，横切面近圆形，肉白色，厚4cm，单瓜重

7.5～15kg。嫩瓜浅绿色，瓜表密生绿色点状花斑和浅褐色茸毛。老瓜被厚白粉，有不明显18条浅棱沟。

特　　性　晚熟，全生育期160d，耐热，耐旱，耐肥，不耐涝，抗病性较强，不易发生日灼病，肉质疏松，水分中等，皮厚，耐贮运，品质中等。可炒食，作羹汤。

栽培要点　3月中下旬播种，4月下旬定值。爬地栽培，行距2.5m，株距1.5m。7月初至8月下旬采收，每亩产量4 000kg。

综合评价　长势旺，抗性好，栽培易，产量高，耐贮运，但品质较差。

2.白肤冬瓜

品种名称　白肤冬瓜

来源分布　农家品种，栽培历史悠久。温岭等地还有零星种植。

特　　征　长势旺，分枝性较强，叶心形，缺刻浅，瓜形大，单瓜重达10kg以上，老瓜青绿色，表皮覆较厚白色腊粉。横切面近圆形，瓜腹腔较大，肉质白色，瓜肉较厚。

特　　性　晚熟，全生育期150d，耐热，耐旱，品质中等。

栽培要点　3—4月播种，最适播期3月下旬，定植期4月中旬，行株距70cm×100cm，最盛采收期8—9月，本田生育期150d。

综合评价　产量高，品质一般，目前已少有种植。

3.青皮长冬瓜

品种名称　青皮长冬瓜

来源分布　农家品种，栽培历史悠久。温黄平原还有零星种植。

特　　征　长势旺，产量高。果实长形，中腔小，表皮青色，无蜡粉，单瓜重7.5kg。

特　　性　晚熟，全生育期150d左右，耐热，耐旱，品质中等。

栽培要点　播种期3—4月，最适期3月下旬，定植期4月中旬，行株距70cm×100cm，最盛采收期8—9月，本田全生育期150d。

综合评价　产量高，品质好，为淡季蔬菜好品种。

（四）黄 瓜

学名*Cucumis sativus* L.，别名：胡瓜，王瓜。葫芦科甜瓜属中一年生攀缘草本植物。我国自西汉引入，现南北各地均有栽培。以嫩果供食，水分多，质松脆，可作水果生食，宜炒食，冷拌和腌渍。本市各城镇和广大农村均有分布，利用保护地栽培要点后，现一年四季均有供应。

直根系，根细弱，吸收能力差。茎蔓生，叶多为五角心脏形，绿色，有茸毛。雌花多数单生，雄花簇生，雌雄同株。果实棍棒形或圆柱形，种子长卵形，扁平，黄白色，千粒重22~42g。

黄瓜在本市栽培历史悠久，城乡普遍栽培，在长期生产实践中，培育了优良的地方品种，同时也引进北方的优良品种在生产上推广应用。

1.刺 瓜

品种名称 温岭黄瓜，别名：刺瓜

来源分布 温岭市农家品种，集中在城东街道种植。

特　　征 生长势较强，分枝较多，但在春保护地早栽情况下分枝较少。叶掌状五角形，叶色青绿，叶缘锯齿状。雌雄同株异花，早栽情况下，雌花发生早，一般主蔓第6片叶时开始出现第一雌花，以后每节均会出现雌花。坐瓜能力强，果实呈长圆筒形，长28~30cm，横径4~5cm，皮绿色，表面光滑，无刺瘤，顶部钝尖，瓜身有明显黄绿色条纹，瓜基部渐小，横切面近似圆形，肉绿白色，单瓜重350~400g。种子浅黄色，种皮平滑无光，细长扁平，呈披针形。种子平均长度为8.1mm，宽度为3.75mm，厚度为1.1mm。种脐的相反方向有钢毛一根，种子千粒重18.6g。

特　　性　早熟，耐寒性较强，耐弱光照，耐热性较差。抗枯萎病，较抗疫病、霜霉病，生长后期易发白粉病。商品瓜表面光滑，无瘤刺，脆嫩爽口，蔬菜、水果兼用。

栽培要点　大棚栽培，12月下旬至翌年2月播种育苗；露地栽培，宜在3—4月小拱棚育苗。苗龄1个月。行距60cm，株距30cm，每亩种植2 000株。5月中旬至6月下旬采收，每亩产量4 300kg左右。

综合评价　早熟，抗性强，品质优，产量高。

2.药山黄瓜

品种名称　药山黄瓜，别名：药山刺瓜

来源分布　黄岩药山农家种，栽培历史悠久，黄岩等地零星种植。

特　　征　长势中等，分枝性弱，叶心脏形，绿色。雌花单生，主蔓结瓜，第一朵雌花着生在主蔓第6~8节上，每

间隔3~5节再现雌花。采收初期瓜近纺锤形，中、后期呈圆筒形，商品瓜小，长14~20cm，横径3.5~4cm，瓜色淡黄，表面较光滑，瓜瘤稀小，刺黑色，无纵棱，横切面近圆形，肉厚0.7~0.9cm，乳白色，单个重100~130g。瓜易老化，老瓜黄褐色，粗大，重650g左右。

特　　性　早熟，定植至初收期50d，不耐高温，不耐寒，抗病性弱，易感霜霉病。瓜含水分多，质细松脆，宜生食，具有清香，炒食也可，品质佳。

栽培要点　3月上中旬播种，4月上旬定植，行株距60cm×30cm，5月中旬至6月中旬采收。每亩约产2 000kg。

综合评价　早熟，质优，可充当水果，熟食也佳。

（五）南 瓜

南瓜、葫芦科，南瓜属中一年生蔓性草本植物。分中国南瓜、美洲南瓜和印度南瓜。台州市南瓜地方品种均为中国南瓜。20世纪50年代曾有少量的印度南瓜栽培，现已寥寥无几。近几年来对淀粉和糖分含量低的美洲南瓜迅速发展。这里只介绍中国南瓜。

中国南瓜，学名：*Cucurbita moschata* Duch，别名：番瓜、倭瓜、金瓜等。本市各城镇乡村都有分布，是夏秋季主要蔬菜之一。富含碳水化合物，尿酸酶和胡萝卜素等营养成分，对糖尿病患者有特殊的药效。老瓜、嫩瓜可代粮，作菜肴，做馅料，做糕点。

温岭早南瓜

品种名称 温岭早南瓜

来源分布 农家品种，栽培历史悠久，温岭等地还有零星种植。

特　　征 生长快，成熟早。果实扁圆形，单果重3～4kg，品质差，味淡，水分多，以主蔓结瓜为主。

特　　性 早熟，定植到采收75d左右。

栽培要点 3月中旬播种，4月上旬定植，行株距80cm×100cm，最盛采收期7月。

综合评价 熟期早，品质一般，现已少有栽培。

（六）佛手瓜

佛手瓜，学名*Sechium edule* Swartz，别名：美人瓜、白瓜。葫芦科多年生攀缘草本植物。

佛手瓜在浙江东南沿海及浙西地区农村有零星种植，是秋冬季瓜类蔬菜品种，发芽特殊，栽培局限性大。种植历史不久，面积不大。近年来利用大棚架栽培，面积有较大发展。佛手瓜贮藏性能好，国庆节后采收上市，可贮藏至春节供应，对缓和冬淡，增加品种，丰富市场起积极作用，品种资源有白色佛手瓜和绿色佛手瓜两种。绿色佛手瓜分布在丽水地区。台州市主要为白色佛手瓜，在临海、黄岩等地分布较普遍。

临海佛手瓜

品种名称 临海佛手瓜，别名：美人瓜、白瓜

来源分布 佛手瓜起源于墨西哥和中美洲，早年引入国内，属葫芦科，临海各乡镇均有零星种植。

特　　征 属短日照植物。蔓生，攀绕生长，长势旺，分枝性强，主蔓可达10m以上，叶近圆五角形，全缘，叶色深绿。以侧蔓结瓜为主，侧蔓第8～10节出现雌花。瓜梨形，稍扁，长10cm，横径9cm，瓜皮黄白色有，有10条较深纵沟，瓜表面有100余条2～5mm长淡黄色细刺。横切面近椭圆，肉白色。种子一粒，卵形，种皮白色。

特　　性 晚熟，一次种植可三年收获，耐热性、耐寒性、耐旱性和抗风能力均较弱。未成熟瓜种子也能发芽，种子如脱离瓜肉很

易丧失发芽力。肉质脆嫩，味略甜，贮藏性极好，做菜可凉拌、煮食或炒食，品质中等。

栽培要点　4月中旬播种，播前20d左右挖50cm穴，填入表土和腐熟有机肥，播种时把整个瓜种下，覆土15cm左右。注意搭棚整蔓，佛手瓜的攀缘性极强，一般留2~3个较粗壮的芽，促使

发展成为2~3条母蔓，其余所抽生的侧芽及时抹除，母蔓长到棚上不再抹芽。老株处理。下霜后把植株果实全部采完，离地表10cm左右割去地上部，用塑料薄膜或稻草覆盖，然后盖上一层火烧土，地下部即可安全越冬。一株佛手瓜最长的寿命可达30多年，生产上一般只用3~4年。3年生单株可收100~250kg。

综合评价　晚熟、高产、易栽培，产量高，味微甜，品质中等，但栽培地区局限性较大。

（七）甜　瓜

甜瓜，学名：*Cucumis melo* L.，包含越瓜、菜瓜。别名：果瓜、香瓜。葫芦科甜瓜属一年生蔓性草本植物。

甜瓜质脆、多汁、味甜或稣软，粉糯，宜生食，代水果。甜瓜在台州市栽培历史悠久，分布面广，品种繁多。

近年来，大棚甜瓜反季栽培销量大、效益高，一些品种优、产量高，品质好的甜瓜品种从外不断引入台州市种植，甜瓜的栽培面积逐渐增加。

1.糖霜瓜

品种名称　糖霜瓜

来源分布　温岭市农家品种，全市各乡镇零星栽培。

特　　征　植株蔓性，长势较旺，分枝习性强。叶绿色，心脏形，叶缘有锯齿，叶前端较尖，主侧蔓均能结瓜，但以侧蔓为主。第一朵雌花着生于侧蔓8~10节。瓜圆球形、瓜蒂部有10条浅棱沟，瓜长9cm，横径10cm，单瓜重300~500g，瓜皮未成熟时绿白色，成熟后白色，瓜

脐大，横切面圆形，肉白色，厚2.6cm，种子扁平，白色。

特　　性　中晚熟，定植至采收80～120d。喜高燥，耐干旱，耐热性强，耐涝性差，抗病虫害能力中等，适熟瓜肉质松脆，味甜，具香气，品质中等。老熟瓜水分少，质粉绵，易开裂，但香气浓。

栽培要点　3月下旬播种，4月中旬定植。行距120cm，株距60cm，施足基肥，多施磷钾肥。瓜畦铺草，使瓜不与土壤接触。7月中旬至8月中旬可分期采收，每亩约产3 000kg。

综合评价　属于普通甜瓜的香瓜变种，抗性中等，栽培易，产量高，果实具香气。

2.花皮甜瓜

品种名称　花皮甜瓜，别名：长甜瓜

来源分布　温岭市农家品种，栽培历史悠久，台州各地均有零星分别。

特　　征　生长势旺，分枝性强。叶心脏五角形，叶缘缺刻较深，叶端较尖，绿色。主侧蔓均能结瓜，但以侧蔓为主。第一朵雌花着生在侧蔓第8～10节。瓜圆筒形，长25cm，横径12cm，瓜皮绿色与淡绿相间，有8～10条深绿色条纹，单瓜重800～1 100g。横切面近圆形，皮极薄有光滑，肉白色，厚2.3cm，瓜囊有橙色和白色两种。种子扁平，黄

白色，千粒重28g。

特　　性　早熟，定植至采收55～105d。耐寒性弱，耐热性和耐涝性中等，抗病虫害能力较强。肉质细，肉松脆，水分含量高，糖度低，味清淡，宜生食，为夏季消暑解渴珍品。

栽培要点　3月中下旬浸种催芽，4月上旬直播，施足基肥，多施磷肥。行距80cm，株距50～60cm，6月下旬至8月上旬可分期采收，每亩产量3 000kg左右。

综合评价　属于普通甜瓜的越瓜变种，质脆糖度低，水分多，味爽口，是夏季解渴佳品。

3.满月瓜

品种名称　满月瓜

来源分布　温岭市农家品种，栽培历史悠久，在温岭市箬横镇有零星种植，濒临灭绝。2010年已被列为省农作物种质资源保护对象。

特　　征　长势中等，分枝性强。叶绿色，心形，叶缘有锯齿，叶前端较尖，主侧蔓均能结瓜，以侧蔓为主，第一朵雌花着生在侧蔓第4～6节。瓜卵圆形，高10cm，横径6～8cm，单瓜重约200g，表皮光滑，皮玉白色覆8～10条浅绿色条纹。横切面圆形，肉质乳白色，皮薄，肉厚约2.0cm，种子扁平，白色。

特　　性　中熟，定植至采收75~100d，耐寒性、耐旱性和耐热性中等，抗病虫害能力中等。适熟瓜肉质松脆，味甜，具香气，品质佳。容易落果。

栽培要点　3月下旬播种育苗，4月中旬定植，行距80cm，株距40cm。施足基肥，多施磷肥，雨季做好清沟排水，瓜蔓下铺草，以免瓜与地接触。7月采收，每亩产量1 300kg左右。

综合评价　中熟、质优、味甜，有香味，可弥补水果淡缺，但产量低，频临绝种。

九、薯芋类

（一）山　药

山药，别名：薯蓣、白苕、山薯。薯蓣科薯芋属，一年生或多年生缠绕藤本植物。我国是山药重要原产地，栽培历史悠久，作蔬菜栽培的山药有普通山药（*Dioscorea batalas* Decme）和田薯（D. atata L.）两个种。本志所收集的品种，茎为棱形，具有棱翅，均属于田薯种。浙江省浙南有较多分布。以肥大的块茎供食，耐贮运，富含有蛋白质及碳水化合物。作菜肴，可代粮，干制品入药。对虚弱、慢性肠炎、糖尿病等有辅助疗效。

须根系，地上茎蔓生长达3m以上，横切面圆形或多棱形，茎细右旋。单叶互生。中部以上叶对生，叶三角孵形至广卵形，基部叶戟状心脏形，先端突尖，叶柄长。叶腋发生侧枝，或形成气生块茎，称零余子，可用来繁殖和食用。肥大块茎有棍棒形、纺锤形、掌状或块状。周皮褐色，肉白色，表面密生须根。花单性，雌雄异株，穗状花序，果为蒴果，栽培种极少结果。

1.紫莳药

品种名称 紫莳药

来源分布 黄岩的一个地方品种，有悠久的栽培历史。因其肉质红中带紫，故又称紫莳药。紫莳药的主要分布地在我区西部海拔500~600m的高山地区，种植面积有逐年扩大的趋势。2010年已被列为省农作物种质资源保护对象。

特　　征 植株蔓生，分条多，蔓有四棱，长2~3m，叶腋处抽生侧枝1~2根，叶箭形、单叶互生，叶片光滑无缺刻，节长5~10cm，块茎呈不规则团块奖，表皮薄而脆，呈褚褐色，中上部有较多须根，肉纹细，肉质细嫩柔滑呈紫红色，单个块茎重500g左右，最大达到2 500g。

特　　性 紫莳药春种秋收，耐热不耐寒，耐旱怕涝，适合地势高燥的沙壤土种植，一般亩产量2 000kg左右。

栽培要点 紫莳药属深根系长蔓块茎植物，宜选土层深厚，富含有机质，保肥保水能力强，排水方便的沙壤土田块种植，海拔500~600m高山地区3月前种植为宜，行距80cm，株距40cm。做好种块消毒及大田炭疽病，菌核病等的药剂防治工作。10月下旬开始收获，初霜来临前收获结束。

综合评价 紫莳药块茎肥大、肉质柔滑、风味独特、色泽亮丽、营养丰富，不仅为蔬菜中的佳品，而且药用价值也很高，是一种菜药兼用滋补保健蔬菜。合理开发利用该种质资源的前景非常广阔。

2.太湖莳药

品种名称 太湖莳药

来源分布 温岭市农家品种，集中在大溪镇山区一带种植。

特　　征 植株蔓性，分枝多，茎蔓方形有棱翅。叶柄细，叶淡绿色，近心脏形。叶面光滑，叶腋能着生零余子。块茎棍棒形，长25～30cm，横径9cm，单个重500～1 000g。皮黑褐色，密生根毛。肉质白色，含有胶质。

特　　性 用块茎繁殖，也可用零余子播种。播种至采收180～200d。耐热耐寒，不耐涝，抗病虫害能力强，肉质细，黏液多，耐贮藏，品质佳，宜熟食。

栽培要点 选择土层深厚，有机质含量丰富，地下水位低的土壤，3月中旬种薯切块育苗移栽。行距1m，株距20cm。9月上旬开始采收，每亩产块茎2 000kg。

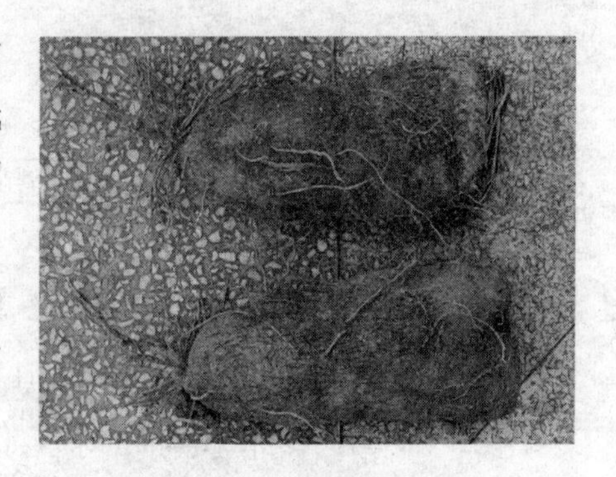

综合评价 富含淀粉，营养丰富，品质优。具有保健的疗效。

（二）芋

学名：*Colocasia esculenta* (L.) Schott，别名：芋头、芋艿、毛芋。天南星科芋属，多年生草本植物，作一年生栽培。以球茎供菜用或食用，富含碳水化合物，可制作淀粉和酒精的原料。台州市各城镇和乡村普遍栽培，是缓和蔬菜淡季，改善城市蔬菜供应的品种。

台州市气候温和，雨量充沛，土质肥沃，十分有利于耐湿性强的芋艿生长。在长期生产中，各地选育出适应本地生产和消费者需要的很多地方品种。

按芋的着生习性分多子芋、魁芋和多头芋3类。

多子芋：子芋、孙芋多，易分离，品质好，子、孙芋产量高于母芋。品种有早芋。

魁芋：母芋大，可达1 500~2 000g，品质优于子芋，质粉，香味浓，喜高温，耐潮湿。品种有临海大芋、仙居大芋。

多头芋：球茎丛生，母芋、子芋、孙芋相互连成一块，很难分开，质很粉，品质好，品种有姜芋。

1.沙埠早乌芋

品种名称 沙埠早乌芋

来源分布 系黄岩地方品种，种植历史悠久。主要种植地为沙埠镇，目前种植面积不大，全镇仅约7hm^2。

特　　征 株高80~100cm，单株叶片数10~12片，结子芋6~7个；

子芋长圆形，长5cm左右，横径3～4cm；单个重50～80g，母芋表面有5～6圈叶痕，长8～9cm，横径7～8cm，单个重200～250g，母芋不宜食用。

特　　性 清明前播种，8月下旬至9月中旬收获，每亩产量1 000～1 500kg；沙埠旱乌芋喜湿不耐旱，耐肥性极强，喜沙壤土中栽培；抗逆性强，主要病虫害有疫病、软腐病、斜纹夜蛾等。

栽培要点 清明前选顶部饱满，大小均匀的子芋穴播，每亩播2 600～2 700穴。加强肥水管理，保持田间湿润，重视对疫病、软腐病和斜纹夜蛾等病虫害的综合防治。8月下旬开始收获，9月中旬收获结束。

综合评价 属于多子芋类型，商品性好，有推广应用价值。

2.旱　芋

品种名称 旱芋，别名：乌脚芋

来源分布 地方农家品种，仙居、临海等地均有零星种植。

特　　征 株高1.3～1.5m，开展度60cm×80cm，分蘖中等，叶盾形，长50cm，宽43cm，正面深绿色，叶柄长1.3～1.4m，横径6cm，中下部紫红色，母芋近圆形，长11cm，横径12cm，重500～700g，单株有子孙芋20～30个，子芋长卵形，长

7cm，横径5cm，重75g，以子孙芋供食用，母芋质硬多作饲料，芋衣黄褐色，肉白色，牙紫白色，单株球茎1 650g。

特　　性　特早熟，早栽，播种至初收140d，耐热，耐湿，不耐干旱和涝渍，抗病性强，肉质糯，味较淡，不耐贮藏，品质中等。

栽培要点　选择排水良好、保水保肥的肥沃地种植。4月上旬播种，行距0.8～1.0m，株距30～35cm。中耕除草、培土2～3次，高温期畦面盖草，降温抑草，中后期保持土壤湿润，8月下旬至10月上旬采收。

综合评价　早熟，稳产，高产，子芋商品性好，但不耐贮藏。

3.红芽芋

品种名称　红芽芋

来源分布　农家品种，临海等地均有零星种植。

特　　征　株高110～125cm，开展度70cm×80cm，分蘖性强，叶盾形，表面光滑，长35cm，宽40cm，正面深绿，背面浅绿，叶柄长115cm，横径5.5cm，紫红色，母芋近圆形，长9～10cm，横径12cm，重300g。单株有子孙芋15～20个，子芋长卵形，长6cm，横径3.5cm，重50g，芋衣褐色，肉白色，芽红色，单株球茎重1 250g。

特　　性　中熟，早栽，生长期180～190d，耐热，较耐湿，不耐干旱，子芋较长，外观较差，质粉，口感好，耐贮藏。

栽培要点　选择土层深厚肥沃、排水良好的地块种植，4月上中旬播种，行距70cm，株距35cm，高温期保持土壤潮湿，9月下旬至10月下旬收获。每亩约产3 000kg。

综合评价　长势旺，产量高，耐贮藏，品质优。

4.临海大芋

品种名称　临海大芋，别名：魁芋

来源分布　临海农家品种，临海各地均有零星种植。

特　　征　株高1.3m，开展度60cm×80cm，分蘖性差，叶盾形，长50cm，宽40cm，正面深绿色，背面浅绿色，叶缘无缺刻，叶柄长128cm，宽10cm，母芋大，近圆形，长13cm，横径12cm，单个重900g，子芋少，近卵圆形，每株5～6个，长6.5cm，横径4.5cm，单个重60g左右，单株球茎重1 250g，芋衣棕褐色，芋眼大，嫩芽红色。

特　　性　中晚熟，生长期180～190d，耐热，不耐旱，抗病性强，母芋大，肉质粉，风味佳，耐贮藏，品质优，叶柄软，晒干后可供菜用。

栽培要点　4月上旬播种，行距90cm，株距35cm，畦面盖草，高温期保持土壤湿润，9—10月下旬采收。每亩产2 500kg。

综合评价　母芋、子芋均可食用，母芋大，品质好，耐贮藏。

5.仙居大芋

品种名称 仙居大芋，别名：人芋、和尚芋

来源分布 仙居农家品种，种植历史悠久。各乡镇均有零星种植。

特　　征 株高1.5m，开展率90cm×95cm，分蘖中等，叶盾形，绿色，长55cm，宽50cm，叶面光滑，叶缘无缺刻，叶柄绿色，长1.45m，宽8cm，母芋圆球形，长14cm，横径12cm，重800g。子芋长圆锥形，长10cm，横径3cm，重54g。单株有子芋10～15个，子芋重600g。芋衣黄褐色略带粉红，肉白色，嫩芽浅红色，以食母芋为主，子芋也可食，单株产球茎1 400g。

特　　性 晚熟，旱栽，生长期200～210d，耐热，较耐旱，不耐寒，耐涝性弱，抗病性强，母芋质粉，品质好，耐贮藏。

栽培要点 4月上旬播种，行距80～100cm，株距35～40cm，10月中旬至11月收获。

综合评价 长势旺，子、母芋可食用，品质好，熟期长，但产量不高。

6.独自人芋

品种名称 独自人芋

来源分布 仙居农家品种，种植历史悠久。主要分布在我县官路镇，由于产量低目前种植面积很小。

特　　征 株高150～200m，开展度90cm×95cm，分蘖中等偏弱，叶

绿色，长60cm，宽55cm，叶面光滑、绿色，背面浅绿色，叶缘无缺刻，叶柄绿色，长1.40～1.90cm，宽约8cm。母芋长椭圆形，芋衣褐色，肉浅粉红，间有纵向紫红色丝状纤维，长15～20cm，直径12～15cm，重900g，单株有子芋8～12个，重约500g，以食母芋为主，子芋也可食，单株球茎约1 400g。

特　　性　特性：该品种迟熟，早栽，耐热，耐旱，不耐寒，抗病性强全生育期200d左右。每亩产1 300～1 500kg。

栽培要点　3月下旬播种，10月初开始采收。密度为100cm×70cm，每亩种植950株左右。基肥为栏肥1 500～2 000kg，过磷酸钙20～25kg，硫酸钾10～15kg，结合施用焦泥灰、草木灰更有利多结子芋。

综合评价　该品种品质细腻、质粉，品质好，食味佳，耐贮藏，子、母芋均可食，但产量不高。

7.乌杆白芋艿

品种名称 乌杆白芋艿

来源分布 三门农家品种，栽培历史悠久，有500多年种植历史，早年种植是为解决口粮用，现在是当作蔬菜来种植。三门横渡镇等各村均有栽培。

特　　征 叶柄乌色，叶柄长130～150cm，单株出叶数13～16片，叶片盾圆形，最大叶片宽30cm、长40cm左右，叶面光滑，叶脉明显。母芋近圆球形，子芋近圆球，芽白色，每株结子芋8～15个，单株重500～750g。2010年已列为省级农作物种质资源保护对象。

特　　性 芋肉白色，品质优，口味好，耐贮运。全生育期230～250d。

栽培要点 播种期，露地3月底至4月初，地膜栽培11月底至12月初。每亩种植2 500～3 000株。芋艿生育期长，需肥、需水量大，宜加强田间管理，及时清沟培土除草和合理用药防治病虫害。重视中耕除草，以免损伤根系。及时重施发棵肥，注意清沟培土，培土高度以10～12cm为宜。

综合评价 芋艿肉色白、糯、口味好，宜合理开发利用。

8.红火芋

品种名称　红火芋，别名：火芋

来源分布　仙居农家品种，栽培历史悠久，全县各地均有分布。

特　　征　株高130～150cm，分蘖性强，开展度60cm×80cm，叶盾形，长50cm，宽42cm，表面光滑，深绿色，背面浅绿色，叶柄长135cm，宽7cm，浅绿色带紫红。母芋近圆形，长9cm，横径8.5cm，重550g，单株有子孙芋4～8个，子芋重114g，孙芋比子芋多，子芋形似母芋。芋衣棕褐色，肉质粉红色，嫩芽浅红色，单株芋球重1 000g左右。

特　　性　晚熟，生长期200～210d，耐热、耐旱性强，子、孙、母芋均可食用，肉质粉，风味佳，品质好，耐贮藏，宜煮食，可与稀饭同煮。

栽培要点　选择排水良好地块，4月上旬播种，行距80cm，株距35cm，注意盖草降温保温，高温干旱期间灌水，10中旬至11月采收。

综合评价　肉质细而粉，品质好，耐贮藏，为地方良种。

9.燥 芋

品种名称 燥芋

来源分布 温岭市农家品种，栽培历史悠久，温黄平原均有分布。

特　　征 株高110～125cm，开展度70cm×80cm，分蘖性强，叶盾形，表面光滑，长35cm，宽40cm，正面深绿。叶柄长115cm，宽5.5cm，紫红色，母芋近圆形，长9～10cm，横径12cm，重300g。单株有子、孙芋15～20个，子芋长卵形，长6cm，横径3.5cm，重50g。芋衣褐色，肉白色芽红色。单株球茎重1 250g。

特　　性 中熟，早栽，生长期180～190d，耐热，较耐湿，不耐干旱，子芋较长，外观较差，质粉，口感好，耐贮藏。

栽培要点 选土层深厚肥沃，排水良好地块种植。4月上中旬播种，行距70cm，株距35cm。每亩用种量130kg。中耕培土结合追肥2～3次。高温期保持土壤潮湿。9月下旬至10月下旬收获，每亩产量约3 000kg。

综合评价 长势旺，产量高，耐贮藏，品质优，子芋长，商品性较差。

（三）温郁金

学名：*Curcuma.wenyujin* Y.U.Chen et C.Ling，系姜科姜黄属植物，为著名的道地药材“浙八味”之一，其块根、根茎供药用。块根煮熟晒干便是著名的药材“温郁金”，味微苦、辛，性微温，能疏肝解郁，行气祛瘀，利胆退黄；侧根茎鲜切厚片晒干叫“片姜黄”，味辛苦，性温，能行气破瘀，通经络。

生姜芋

品种名称 生姜芋，别名：红毛芋、姜芋、牛踏芋、狗头芋、切芋

来源分布 仙居农家品种，栽培历史悠久，全县各地均有种植。

特　　征 株高110~180cm，分蘖性强，开展度60cm×80cm，叶盾形，长35cm，宽30cm，表面有细短绒毛，叶正面深绿色，背面浅绿色，叶柄长120cm，宽4cm，深绿色带紫红。多头芋不规则，母芋、子芋结成块难以分开，需用刀切开，故名切芋。芋衣褐色，肉白色，嫩芽紫红色，单株球茎重1 000g左右。

特　　性　晚熟，旱芋，生长期190～200d，耐热、耐干旱，子芋、母芋均可食用，肉质鲜脆爽口，质粉含水分少，品质优，耐贮藏，宜煮食、炒食或腌制。

栽培要点　选择排水良好地块，4月上旬播种，一块一芽播种，行距70～80cm，株距35～40cm，10中旬至11月采收。

综合评价　质脆爽口，品质好，耐贮藏，但产量低。

（四）马铃薯

学名：*Solanum tuberosum* L. 别名：洋芋、土豆、地蛋。茄科茄属的一年生草本植物。在本市栽培历史悠久，各城镇和乡村均有分布。近年，蔬菜区域化生产，商品流通搞活，南方容易退化的马铃薯种植面积大大减少，靠北方调入，四季均有供应。

须根系。茎分地上茎和地下茎两种。地上茎绿色或着生紫色斑点，横切面棱形，植株丛生较直立。地下茎生长形成匍匐茎，匍匐茎尖端膨大形成块茎，块茎上分布很多芽眼，可作繁殖用。块茎有圆球形，长筒形，卵圆形，椭圆形。叶绿色，初生叶为单生，心脏形，后发生的叶为奇数羽状复叶。叶柄基部着生托叶。伞形或聚伞形花序。花有淡红、紫红等色。果为浆果，种子细少，肾形，不作繁殖用种。

块茎按皮色分白皮、黄皮、红皮和紫皮等品种。肉质有黄色和白色种；栽培上按块茎成熟期可分早熟、中熟和晚熟种。

1.小黄皮马铃薯

品种名称　小黄皮

来源分布　系仙居农家品种，栽培历史悠久；主要分布在仙居广度、上张、官路等乡镇，由于产量低目前种植面积很小；在温岭、三门等地也有分布。2010年已被列为省农作物种质资源保护对象。

特　　征　该品种株高45cm左右，开展度40cm×50cm，分枝中等，叶绿色。结薯较分散，薯块近圆形，表皮光滑，淡黄色，芽眼较深，肉黄色。薯块大而整齐，直径3~4cm，单株结薯15个左右。

特　　性　迟熟，播种至初收100~110d。每亩产薯750~1 000kg。轻感环腐病和青枯病。喜光不耐湿。品质糯且细腻，食味佳。

栽培要点　2月上旬播种，5月中下旬采收。密度为50cm×35cm，每亩种植3 500~4 000株。每亩施基肥为栏肥1 500~2 000kg，过磷酸钙20~25kg，硫酸钾10~15kg，结合施用焦泥灰、草木灰更有利多结薯、结大薯。齐苗后及时浇施人粪尿250~400kg，以后每亩再追尿素7.5kg，硫酸钾7.5kg。注意防治环腐病和青枯病。

综合评价　该品种品质细腻、糯，食味佳，但产量较低，是鲜食做菜的理想品种。

2.赤山小种洋芋

品种名称　赤山小种洋芋

来源分布　天台农家品种，主要分布在平桥屯桥一带，尤以赤山村种植品质为佳，栽培历史悠久。

特　　征　薯块椭圆形，黄皮，薯肉黄色。芽眼中等，薯皮光滑。单株结薯10~20个，重500~750g。薯块大小较均匀。植株前期直立生长，后期匍匐生长，长达1m。花由红转白，叶缘有锯齿状缺刻。

特　　性　中晚熟品种，苗期较耐寒，抗病性好。在本地春秋两季都可种植。一般亩产量春栽2 000～2 500kg，秋栽1 500～2 000kg。薯块糯，食用品质好。全生育期一般为130～140d。

栽培要点　春季种植一般于1月底至2月上旬种植，到立夏前后收获。秋季种植一般于立秋后种植，到霜降后收获。选用大小均匀、无病害的薯块小整薯种植。一般每亩栽培3 000～3 200株，纯作时，每亩栽培3 600～4 200株，播种量100kg左右。

综合评价　该品种产量较好，薯块粉糯，食用品质好。

3.红皮洋芋

品种名称　红皮洋芋，别名：洋番薯

红皮洋芋与紫皮洋芋

来源分布　天台农家品种，主要集中在泳溪乡一带种植。

特　　征　植株长达50～80cm，叶缘有锯齿状缺刻，花紫红色。薯块长椭圆形，皮微红色，薯肉表皮微红色，薯肉浅黄色。芽眼浅，薯皮光滑。单株结薯个数从6～20个不等，平均重500g。薯块大小差异较大。

特　　性　中晚熟品种，抗病性好。每亩产量2 000～2 500kg。

栽培要点　春季种植一般于1月底至2月上旬种植，到立夏前后收获，秋季种植一般于立秋后种植，霜降后收获。选用大小均匀、无病害的薯块小整薯种植。一般每亩播3 000～3 200株，行距30～35cm，窝距25cm。纯作时，每亩种植3 600～4 200株，播种量100kg左右。

综合评价　该品种产量高，食用品质一般。

（五）姜

学名：*Zimhiber officinale* Rosl.，别名：生姜、黄姜。姜科姜属的多年生宿根草本植物，作一年生栽培，以肥大的肉质茎供食用的辛香蔬菜。

台州市自古栽培，各地均有分布。因含有辛香浓郁的挥发油和姜辣素，是人们生活中必不可少的重要调味品。嫩姜可鲜食、腌制和糖渍，老姜可加工成姜片、姜粉和姜汁等多种食品。具有健胃、去寒和发汗的功效。

姜浅根系，吸收能力较弱，分纤维根和肉质根两种。叶包括叶片和叶鞘两部分组成，叶绿色，互生，披针形。茎分地上茎和地下茎两种。地上茎直立，由地下茎抽生而来。地下茎即姜块，亦称根状茎，为食用部分，由种姜发生而来，种姜芽长苗，苗基部膨大成母姜，母姜两侧的腋芽萌发膨大成子姜，子姜上的侧芽继续萌芽膨大成孙姜。如此可继续发生3~4次，直至收获。

1.椒江本地姜

品种名称 椒江本地姜

来源分布 系椒江农家品种，栽培历史悠久，主要分布于椒江区葭沚等地。

特　　征 地上茎直立，高70~90cm，茎杆基部紫红色。叶披针形，互生，长30~40cm，

宽约2cm。根茎肥厚，皮黄褐色，肉淡黄色，辛辣味浓。单株根茎重约2kg。

特　　性　生育期210d左右，抗病性弱，喜温暖，不耐强光、不耐涝。适宜在肥沃疏松、富含有机质、排灌方便的微酸性土壤种植，每亩产量1 500kg。辣味浓，品质佳，适宜榨汁等加工。

栽培要点　一般在清明前后播种，11月采收，采用打沟条播，行距35~40cm，株距26~30cm，沟深10~12cm。品种抗病性弱，必须及时做好各种病害的防治工作。

综合评价　品质佳，适宜榨汁等加工，利用前景广阔。

2.天台小种姜

品种名称　天台小种姜

来源分布　天台地方农家品种，主要分布在街头、南屏等乡镇。

特　　征　叶条状披针形，末端渐尖，基部渐狭，平滑无毛，无柄。花茎直立；穗状花序，呈淡紫色，有黄白色斑点，下部两面三刀侧各有小裂片；雄蕊1枚，挺出，子房下位；丝状花柱，淡紫色，柱头放射状。蒴果长圆形。根茎肉质肥厚，肉黄色，具芳香和辛辣味。

特　　性　喜温暖湿润气候，不耐寒，怕潮湿，怕强光直射。一般每亩产量1 500kg左右。

栽培要点 宜选择坡地和稍阴的沙性地块栽培，忌连作。用根茎（种姜）繁殖，穴栽或条栽。秋季采挖生姜时，选择肥厚、色浅黄。有光泽、无病虫伤疤的根茎作种姜，下窖贮藏或在室内与细沙分层堆放贮藏备用。南方于1—4月，取出种差保温催芽，每块保留1～2个壮芽。穴栽按行株距40cm×30cm开穴，条栽按行距40cm开沟，施入基肥后，按株距27cm下种。

综合评价 姜味微辣，口感好。

3.红爪姜

品种名称 姜，别名：红爪姜

来源分布 温岭市农家品种，主要分布在大溪、温峤、城北、城东一带。

特　　征 植株直立丛生，长势强。株高60～80cm，开展度30cm×35cm，根茎节间稍长，茎基部红色，每茎有叶12片左右。叶互生。绿色，披针形，全缘，长20cm，宽2.5cm，叶脉平行，附生极短的茸毛。肉质茎发达分枝多，有母姜、子姜、孙姜之分，排成丛，长6～8cm，

每丛有10~17块，单个重400~500g。姜块皮色淡黄，嫩芽淡红色，皮光滑，肉质腊黄色。

特　　性　中晚熟，定植至采收180~200d。喜温，喜阴湿，不耐旱和强光，抗姜瘟病弱，耐贮运。肉质脆，纤维少，辛辣味浓，品质佳。老嫩姜兼收，每亩产量约2 000kg。嫩姜可炒食、腌渍或糖姜，老姜可干制姜片、姜粉和调味香料。

栽培要点　精选种姜，控温催芽，于4月下旬定植行距50cm，株距20~25cm，每亩用种量170~200kg，前期浅中耕1~2次，结合培土，夏至前搭高1m平棚。9月上中旬可收嫩姜，11月下旬收老姜，供贮藏用姜必须在晴天采收。

综合评价　外观美，纤维少，辛辣味浓，品质优，用途广，但栽培要点要求高。

（六）番 薯

学名：*Ipomoea batatas* (L.) Lam.，别名：地瓜。一年生草本植物，地下部分具圆形、椭圆形或纺锤形的块根，块根的形状、皮色和肉色因品种或土壤不同而异。叶片形状、颜色常因品种不同而异，也有时在同一植株上具有不同叶形，通常为宽卵形，叶柄长短不一，聚伞花序腋生，苞片小，披针形，开花习性随品种和生长条件而不同，蒴果卵形或扁圆形，种子1~4粒，通常2粒，无毛。在本市栽培历史悠久，各城镇和乡村均有分布。番薯是一种高产而适应性强的粮食作物，与工农业生产和人们生活关系密切。块根除作主粮外，部分品种还可作为蔬菜上餐桌，如红皮白心小番薯。

红皮白心番薯

品种名称 红皮白心番薯

来源分布 天台农家品种，栽培历史悠久，天台山区乡镇零星种植，现南屏乡栽培面积最多，是鲜食佳品。

特　　征 叶绿色，有3个缺刻，叶形呈五角星，株型匍伏长蔓型，蔓长达3~4m。皮红，肉白，薯型长纺锤形。单株结薯3~5

个，单株鲜薯鲜重500～1 000g。

特　　性　迟熟，一般生育期150～180d，适宜沙壤土，忌连作。一般每亩产量2 000～3 000kg。薯块外形美观，肉质口感鲜甜爽口，较耐贮存。

栽培要点　一般在4月上中旬育苗，5月中旬至6月上旬均可扦插，每亩栽3 000株左右，基肥每亩施茶籽饼15kg。插后50d左右喷施矮壮素控制薯蔓过长。一般10月中下旬收获。

综合评价　该品种产量高，肉质口感鲜甜爽口，适于鲜食，开发前景广。

十、水生蔬菜

荸　荠

学名：*Eleocharis tuberosa* (Rosb.) Roem,et Schult，别名：地栗、马蹄。莎草科。原产我国，以地下茎供食，淀粉含量高、生、熟食皆甜脆，可制罐头出口，称“清水马蹄”，也可提取淀粉，有止渴、消食、解暑之功效，为重要的水生蔬菜。全市各地均有栽培。

店头荸荠

品种名称　店头荸荠

来源分布　农家品种，黄岩院桥有近百年种植历史，是台州市有名的荸荠种植基地。目前，具有地方特色的店头荸荠已成为黄岩区院桥镇的一大特色农业品牌产业，种植面积达70hm^2，其产品大部分销往杭州、温州等大中城市。2010年已被列为省农作物种质资源保护对象。

特　　征　植株高100cm左右，管状叶粗0.5cm左右，稀植管状叶粗抗倒伏，密植叶细易倒伏，颜色呈深绿色。球茎扁圆形，高2.5cm左右，横径4.0cm左右，单个重30～40g，球茎暗紫红色，肉色洁白；球茎顶端具1.0cm左右长的主芽，3～4个侧芽则依附在主芽四周。

特　　性　清明前后育苗，冬至后至翌年1月底前收获，每亩产量2 000kg左右。荸荠个大、皮薄、肉脆，生食、熟食、加工均宜。

栽培要点　4月上中旬育苗，6月中下旬移植，密度100cm×100cm，加强肥水管理，店头荸荠喜钾不喜磷，耐热不耐寒，尤其怕雾。主要病虫害则有锈病、枯萎病、蚜虫等。冬至后开始收获，过早收获糖分低不耐贮藏，但收获期不宜超过翌年的1月底，否则会引起品质下降。

综合评价　店头荸荠以果大、皮薄、肉脆生津而闻名，生食熟食均宜，生食质脆汁多味甜；熟食则质嫩品质佳；去皮加工成清水马蹄或糖水马蹄则是重要的出口创汇食品。

十一、多年生蔬菜

黄花菜

学名：*Hemerocallis citrina* Baroni。别名：金针菜、萱草等。原产亚洲，浙江省栽培历史悠久。台州市主产区为仙居。黄花菜花蕾干制品供食用。

黄花菜根系发达，分肉质根和纤细根两类，肉质根中又分长条和块状两种。植株在抽出花薹前只有短缩的茎，由此萌发叶，叶对生，叶鞘抱合成扁阔的假茎。叶片狭长，叶色深浅，软硬、长宽等依品种而异，每年5—6月，从叶丛中抽生花薹，其顶端分出4~8个花枝，其上生花蕾，成为聚伞花序复组成圆锥形，每个分枝能着生花10个左右。每个花薹能发生20~70个花蕾。花薹抽生迟早，高低，粗细，着生花蕾多少及维持时间等依品种和栽培条件而异。花蕾黄色或黄绿色。蕾尖黄色，绿色或紫色，花蕾颜色和开放时间依品种而异。蒴果成熟暗褐色，种子黑色坚硬，每克50~60粒。

黄花菜地上部不耐寒，遇霜枯死。短缩茎和根在严寒地区能在土中安全过冬。叶丛生长适温14~20℃，抽薹开花要求20~25℃。它对光照强度适应性广，可作桑园，果园的间作，在阳光充足之处产量高，黄花菜对土壤适应性广，能在瘠薄土壤中生长，从酸性红壤到弱碱性土均能生长，以土质疏松，土层深厚处植株生长旺盛。

黄花菜采用分株繁殖和种子繁殖两种。一般分株繁殖，在花蕾采收完毕到春季萌发前均可分株定植，种子繁殖生长势强，春秋两季均可播种。

仙居黄花菜

品种名称 仙居黄花菜，别名：金针

来源分布 农家品种，栽培历史悠久，仙居、天台各地零星种植。

特　　征 该品种叶狭长，对生于短缩茎节上，叶鞘抱合成扁阔的假茎。

花薹由叶丛中抽出，薹高80～120cm，每一花薹陆续开20～60朵花，花基部合生呈筒状，上部分裂为6瓣，淡黄色、黄绿色或黄色，雄蕊6枚，雌蕊1枚，蒴果很少，每一果实内含种子10～20粒，种子黑色有光泽，千粒重20～25g。

特　　性 5月下旬至6月上中旬开始采摘，采收期达50d以上。一旦种植后可以连续采收多年，以第8～15年间产量高而稳定，每亩产干花50kg左右。

栽培要点 移栽分春栽和秋栽，秋栽宜在9月中旬进行，春栽在3月下旬较适宜，移栽前先要分株剪根。行距80cm、穴距40cm，每亩挖1 600~2 000穴，每穴栽3~5个单株即可，土壤较肥沃宜稀，土壤较贫瘠宜密度。黄花菜是陆续现蕾，陆续开花的，所以要每天采收，采收时间一般为下午3~5时。采收时要求花蕾呈浅黄色，黄花瓣纵沟明显，花嘴未裂，长度适中，采后随即蒸、晒，干燥至含水量15%~16%。

综合评价 品质好、食味佳，利用前景广阔。